# REVUE DES DEUX MONDES

# Sommaire NOVEMBRE 2025

## Études, reportages, réflexions



## Critiques



## Notes de lecture

Éditorial

# À l'épreuve du réel

La guerre est-elle un état permanent de l'humanité ou un phénomène provisoire ? La malveillance et la destruction sont-elles innées chez l'homme ? À ces interrogations, la Bible apporte une réponse peu rassurante à travers l'un de ses mythes fondateurs. Caïn tue son frère Abel dans un accès de jalousie et de rage en voyant que Dieu lui a préféré son benjamin. Si le péché n'est pas en lui, comme le précise la Genèse, mais « à la porte », telle « une bête tapie qui *[le]* convoite » (1), il ne parvient pas à se maîtriser. Plus sévère que les Saintes Écritures, Sigmund Freud décèle en l'être humain une tendance native à l'agressivité et au mal. Ces penchants naturels peuvent néanmoins être canalisés par un autre principe constitutif de sa naissance, celui de l'amour. Pour le père de la psychanalyse, en effet, Éros et Thanatos forment un tout : ils agissent en interaction pour susciter la vie. Albert Einstein s'intéresse aux ouvrages de Freud dont il approuve timidement les thèses. Un jour, il décide de lui écrire. À l'époque, le physicien est engagé auprès de la Société des nations (SDN). Créée en 1919 par le traité de Versailles, l'organisation souhaite éveiller une conscience internationale en faveur de la paix à travers le dialogue d'intellectuels. En dépit de ses réserves, Einstein propose à Freud un échange épistolaire en juin 1932. Celui-ci accepte. Moins d'un an plus tard, le fruit de leur réflexion, composé de deux longues lettres, se présente sous forme de fascicule. La couverture porte en titre cette question fondamentale : *Pourquoi la guerre ?* (2) Dans son courrier, Einstein s'interroge : les pulsions de mort l'emportent souvent sur les élans vitaux lorsque des éléments extérieurs les excitent. Il se demande comment un peuple peut s'enflammer pour un conflit, source de sacrifices et de souffrances. Comment une minorité politique l'entraîne-t-elle à prendre les armes ? Comment se libérer des menaces de la guerre ? Freud lui répond : par le développement de l'intellect et de la culture qui limitent les réactions impulsives car l'arbitrage international ne suffit pas. Il en est convaincu : élevés dans le culte du beau, les hommes s'opposeront à sa ruine, et cet acte de résistance fera reculer la barbarie.

Charles de Gaulle marche dans le sillage des deux savants : la guerre est inhérente aux sociétés, pense-t-il. Elle fait partie de l'existence comme les crises, c'est une donnée inévitable. Il est d'autant plus nécessaire de la prévoir et de s'y préparer que nos régimes démocratiques sont peu accoutumés aux rapports de force : sous nos latitudes, la civilisation s'accorde mal avec l'idée de massacre et d'anéantissement. Lamartine le déclarait déjà au XIXe siècle : ce n'est pas la patrie qui court le plus grand péril dans les batailles mais la liberté.

Avant l'offensive russe en Ukraine, nous vivions dans un contexte géopolitique relativement stable. Nous voulions croire au rêve de la paix éternelle : l'ONU veillait sur le monde, l'Amérique nous protégeait, personne ne souhaitait revivre les traumatismes des deux guerres mondiales inscrits dans toutes les mémoires – pas un village français qui n'ait son monument aux morts, pas une année sans la publication de livres sur ces deux moments historiques. Les affrontements ne paraissaient plus envisageables : la haine appartenait à l'histoire. La perspective d'un nouveau conflit en Europe semblait si lointaine que la rhétorique guerrière s'appliquait désormais chez nous à des virus, à l'inflation, aux maladies, aux insectes, souligne Catherine Van Offelen dans notre numéro. Habitués à ce confort psychologique, nous avons fermé les yeux sur le réveil des tensions. De Gaulle nous avait pourtant prévenus, rappelle Arnaud Teyssier dans un entretien : la quiétude et le bien-être sont des états passagers dangereux « car ils peuvent conduire à un relâchement suicidaire ». Fait étrange : alors que le climat international se crispe de plus en plus, certains termes sont écartés des discours et des documents officiels pour éviter une escalade verbale. En 2025, la France n'a donc pas d'ennemis mais des « compétiteurs stratégiques », ironise Jean-Dominique Merchet. Les équilibres sont devenus vacillants : la diplomatie, le commerce et le droit ne garantissent plus l'harmonie et la concorde. L'apparition des nouvelles technologies liées à l'intelligence artificielle et au cyber rebat les cartes : un petit État peut désormais attaquer une grande puissance en ciblant son système informatique. Là encore, les démocraties sont le plus exposées, explique Arnaud Coustillière : leur ouverture les rend particulièrement vulnérables aux ingérences étrangères et aux campagnes de désinformation.

Les défis à relever sont aujourd'hui immenses : quel combat mener contre des nations qui bafouent toutes les règles ? Comment faire face aux stratégies de propagande, de déstabilisation et de manipulation des esprits ? Comment reconquérir la fierté et la dignité que des individus s'emploient à ternir en attisant les peurs ? Le pessimisme et la résignation servent nos ennemis – car nous en avons. Abandonner l'Ukraine et fuir nos responsabilités en matière de sécurité quand les États-Unis se retirent du sol européen reviendrait à consacrer la victoire de la force sur le droit. Nous pouvons décider de notre destin mais pour combien de temps encore ?

Aurélie Julia

1. Genèse 4-7, *La Bible de Jérusalem*, Desclée de Brouwer, 1986.
2. Albert Einstein, Sigmund Freud, *Pourquoi la guerre ?*, Rivages poche, 2015.

# POUR RÉUSSIR UNE GUERRE

DOSSIER

# PENSER LA GUERRE

# ARNAUD TEYSSIER
# De Gaulle, l'esprit et les armes

propos recueillis par Aurélie Julia

En 1908, un certain Charles de Lugale compose un poème de dix-huit vers intitulé « Je voudrais ! ». Il écrit :

> « Quand je devrai mourir, j'aimerais que ce soit
> Sur un champ de bataille ; alors qu'on porte en soi
> L'âme encor toute enveloppée
> Du tumulte enivrant que souffle le combat,
> Et du rude frisson que donne à qui se bat
> Le choc mâle et clair de l'épée. (1) »

Derrière l'anagramme se cache Charles de Gaulle. Il a 17 ans. L'élève, qui prépare Saint-Cyr, a grandi dans une famille bourgeoise catholique. Ses parents lui ont transmis l'amour de la France, la dignité et l'honneur. Le garçon veut servir son pays. Il décide dès l'adolescence de s'orienter vers une carrière militaire. La défaite cuisante de 1870 est alors dans toutes les mémoires. Beaucoup réclament vengeance. Tandis qu'il monte en grade, Charles de Gaulle pressent l'imminence d'un nouveau conflit avec l'Allemagne. C'est un visionnaire à l'intelligence vive, instinctive, qui érige l'action en vertu. Il l'affirme : si la patrie est attaquée, il faut prendre les armes. Il se bat donc dans les tranchées, puis luttera par d'autres moyens quelques années plus tard. Il n'y a pas chez lui d'admiration pour la guerre, plutôt une fascination pour ce qu'elle inspire : l'élan patriotique, la noblesse, l'héroïsme.
Arnaud Teyssier a signé plusieurs livres sur le Général dont une biographie intime et foisonnante parue aux éditions Perrin en 2024 : *Charles de Gaulle. L'angoisse et la grandeur.* Avec érudition et clarté, l'historien évoque ici les convictions militaires d'une des plus grandes figures de notre histoire. Si l'homme du 18 Juin n'est pas mort sur un champ de bataille, il resta toute sa vie debout face aux épreuves.

**Revue des Deux Mondes – « Au commencement était le Verbe ? Non, au commencement était l'Action. » Cet échange entre Faust et Méphisto est placé en ouverture d'un chapitre du *Fil de l'épée* (1932). Comment interpréter ce choix ?**

**Arnaud Teyssier** Il y a aussi cette citation de Georges Duhamel qui figure quelques pages plus loin : « L'odeur du monde a changé. » La guerre est inhérente aux sociétés, pense Charles de Gaulle. Elle traduit les passions des êtres humains, leurs antagonismes naturels. Tout peuple, même s'il est démocratique et pacifique, doit savoir que la guerre fait partie de la vie, comme le danger, la crise, l'angoisse. De Gaulle est également persuadé que la guerre ne se réduit pas à des théories ou à des doctrines intangibles. Il cite le maréchal Bugeaud : « À la guerre, il y a des principes, mais il y en a peu. » Il croit au commandement par l'intention : le chef donne moins à ses subordonnés des ordres circonstanciés qu'il ne leur procure une vision, une culture, un instinct. Il peut même leur faire confiance et leur donner des objectifs, et non des instructions. En outre, la guerre évolue, elle prend des visages différents suivant les époques et les circonstances. Il faut donc s'adapter, et surtout prévoir, être capable d'agir et non pas seulement de réagir : quand on réagit, on est déjà en position de faiblesse. L'important est de toujours voir les choses venir, d'essayer d'anticiper, car chaque peuple, chaque État, au fond, doit prendre en compte des invariants stratégiques qui s'inscrivent dans sa géographie. De Gaulle est obsédé par le futur, par les menaces qu'il porte et par la façon dont on doit préparer les Français. La force morale d'un peuple est la première de ses armes, beaucoup plus que les matériels. Il y a aussi les évolutions technologiques : ce sont elles qui, pour de Gaulle, scandent l'histoire militaire, de l'artillerie à la force mécanique pour finir par l'atome.

**Arnaud Teyssier** est historien et essayiste, président du Conseil scientifique de la Fondation Charles-de-Gaulle, professeur associé à l'École normale supérieure.

**En 1905, à 15 ans, de Gaulle écrit *Campagne d'Allemagne*, un récit imaginaire de 53 pages qui met en scène trois armées allemandes franchissant les Vosges en 1930. La France s'organise et nomme, à la tête de 200 000 soldats, un certain général de Gaulle. Avait-il dès son plus jeune âge une passion pour la guerre ?**

Passion, je ne sais pas, mais intérêt pour la guerre, pour l'histoire et pour l'histoire guerrière, c'est certain. Il ne vient pas d'une famille de tradition militaire, mais son père a combattu en 1870, ce qui fut une expérience marquante. Les fils vengent les pères… De Gaulle est né en 1890. Sa génération, et son milieu familial, sont imprégnés de patriotisme et d'histoire. L'idée de guerre, c'est d'abord penser la revanche, vouloir restaurer l'honneur, l'intégrité et l'unité du pays par les armes. Charles Péguy écrit à propos de 1870 : « Nous sommes des vaincus », non pour s'y résigner, mais au contraire pour se redresser. Tous portent la meurtrissure d'une France vaincue, tous se souviennent de la France glorieuse des guerres napoléoniennes, de celle des soldats de l'an II qui s'est trouvée humiliée en 1870. Cette conscience ne pousse pas à la résignation mais à un grand élan moral. De Gaulle appartient à ce courant : il est formé dans le culte de la France et de son histoire. *Servitude et grandeur militaires* d'Alfred de Vigny est l'un des livres qu'il apprécie particulièrement.

**De Gaulle est un immense lecteur. Que retient-il de Machiavel et de Clausewitz ?**

Il a lu toute sa vie : enfant, adolescent, adulte, en captivité, pendant l'entre-deux-guerres, jusqu'à la fin de son existence. On ne connaît pas avec certitude l'ensemble de ses références littéraires. Alain Larcan, qui fut président du Conseil scientifique de la Fondation Charles-de-Gaulle, a publié un livre précieux, *De Gaulle inventaire* (2) : il essaie de retracer, auteur après auteur, les influences intellectuelles de De Gaulle à partir de citations parues dans ses ouvrages, ou bien de conversations qu'il a eues, de témoignages recueillis. L'exercice est difficile parce que de Gaulle ne cite pas toujours ses sources et ses lectures. Un exemple : Charles Péguy. On sait qu'il l'adorait – il a d'ailleurs confié à Alain Peyrefitte que c'était sans doute l'écrivain qui l'avait le plus influencé. Il n'en parle néanmoins quasiment jamais dans ses livres. Même chose pour Clausewitz dont un exemplaire de *De la guerre* (l'édition de 1955) figure dans la bibliothèque de Colombey : il ne l'évoque pas ou très peu, or Clausewitz est certainement une inspiration pour lui et ce, pour deux raisons. La première est liée à un fait de génération : au tournant du XIX^e^ et du XX^e^ siècle, on traduit de nombreuses œuvres de Clausewitz en France – *De la guerre* avait été traduit au milieu du XIX^e^, une nouvelle édition paraît vers 1880. Aux alentours de 1900, sentant la proximité de la guerre avec l'Allemagne, des auteurs militaires s'attellent à nouveau à le traduire, comme le général Henri Albert Niessel, qui sera le supérieur de De Gaulle lors de sa mission militaire en Pologne entre 1919 et 1921. Seconde raison : on trouve des marques de la pensée de Clausewitz dans sa conception de la défense nationale, de la guerre, du nucléaire, et notamment ce principe de la force morale d'un peuple. Un texte de Clausewitz est particulièrement révélateur : il s'agit des *Notes sur la Prusse dans sa grande catastrophe* : *1806*.

Voici le début : « Tous les hommes sans préjugés qui ont étudié la Prusse avant et dans l'année 1806 ont porté sur elle le jugement qu'elle s'était noyée dans les formes de son gouvernement et de son armée. Une confiance démesurée et mêlée de vanité dans ses formes laissait bien voir que l'esprit en avait disparu. On entendait encore la machine faire du bruit et personne ne se demandait si elle faisait encore son service. » La qualité de la politique et de l'administration du pays est capitale pour une armée : là est la grande idée de Clausewitz dans cet ouvrage. On en retrouvera des échos dans le livre de De Gaulle *La Discorde chez l'ennemi* (1924). Le premier axe de la pensée militaire gaullienne est en effet la force de l'État. Car l'État « répond de la France » et la défense « est la première raison d'être de l'État ». Parmi d'autres maîtres probables, il y a aussi le comte de Guibert (1743-1790). Cet officier général lettré a écrit des textes fondamentaux, dont un essai général de tactique qui a fait date : une constitution militaire est puissante, affirme-t-il, si elle est adossée à une organisation politique et administrative solide et cohérente ; la force d'un pays dépend de l'articulation étroite entre son système militaire, son système politique et son système administratif. L'idée est reprise par Bonaparte puis par de Gaulle : la force extérieure d'un État repose d'abord sur sa force intérieure. La dissuasion n'est pas qu'un artefact technologique. C'est aussi l'expression d'une force morale crédible. Il est inutile d'accumuler des matériels et de développer des doctrines raffinées pour faire la guerre si la société est divisée, si l'État est faible et le système politique instable. « Tout se tient dans les malheurs d'un peuple », dira de Gaulle. On oublie cette donnée aujourd'hui, dans le débat sur l'Ukraine, sur la défense de l'Europe et de la France. Avant même de penser armements et technologies, regardons d'abord l'état intérieur du pays, de nos institutions, de notre société, de notre structuration morale. Nos ennemis, eux, regardent…

**Henri Bergson compte-t-il dans son panthéon littéraire ?**

Bergson a exercé une influence considérable sur la génération de De Gaulle, qui le cite à plusieurs reprises dans ses livres. Il en a retenu deux idées simples et essentielles. La première : le temps n'est pas quelque chose que l'on découpe. Il n'y a pas le passé, le présent et l'avenir. Pour parer à la situation du présent, il faut être conscient de l'histoire qui nous porte et pouvoir se projeter dans l'avenir dans un seul et même mouvement. La réalité n'est pas statique. Un peuple doit être dans un mouvement continu s'il veut rester indépendant, s'il veut pouvoir se défendre, se développer, prospérer et assurer ses libertés. La seconde idée est la façon dont Bergson valorise l'intuition et l'instinct par rapport à l'intelligence : l'intelligence est pour de Gaulle nécessaire, comme le sont le savoir et la culture générale mais l'intuition et l'instinct prévalent ; il faut être capable de sentir les choses, un peu à l'image de Péguy qui ne se contente pas de comprendre et d'analyser, mais sent arriver le monde matérialiste qui est aujourd'hui le nôtre. L'instinct permet d'appréhender de manière originale et pertinente une situation dès le premier abord, c'est ce qui distingue les grands chefs. Et après le travail de l'intelligence, la décision, en dernier ordre, relève aussi de l'intuition, avec une dimension morale, surtout si elle engage la vie des soldats.

**En mars 1916, le capitaine de Gaulle est envoyé à Verdun. Blessé à la cuisse à Douaumont, il tombe aux mains de l'ennemi. Il reste trente-deux mois en captivité. Quelle importance revêt cette épreuve dans sa formation intellectuelle ?**

Il tire de son emprisonnement une profonde frustration : il a été privé trop tôt du combat. Il tente au moins cinq fois de s'évader. Cette période est décisive : il lit énormément – en tant qu'officier, il a droit à certains avantages, comme l'accès à la bibliothèque, à la presse alors censurée –, il lit l'allemand. Il réfléchit beaucoup, on le sait par les courriers qu'il adresse à sa famille. Il se rend utile et forge sa pensée en faisant des petites conférences à ses compagnons prisonniers. Il fait donc l'expérience de la réflexion, de la lecture, de l'enseignement. Il acquiert aussi la conviction que la guerre de 1914 sera décisive pour son destin. Les négociations de paix le confirmeront dans l'idée que la guerre n'est pas vraiment finie, qu'elle va reprendre, qu'il faut donc s'y préparer activement.

**De Gaulle envisage toujours la possibilité d'une guerre. Existe-t-il pour lui des guerres nécessaires ?**

Des pages du *Fil de l'épée* font presque l'éloge de la guerre, non pour dire qu'elle est réjouissante mais qu'elle est inévitable. À condition de l'envisager avec courage, et non de la subir comme dans l'esprit de Munich. Il y a chez de Gaulle une forme de fascination, non pour la violence comme chez d'autres, mais pour ce que la guerre fait surgir des êtres : dans ces moments-là, on voit comment un peuple manifeste une énergie collective, un sens authentique du devoir. La guerre peut avoir une véritable grandeur morale malgré ses horreurs, Péguy l'affirme avant lui. Ainsi, la France libre est autant une épreuve morale qu'un combat : c'est un creuset pour la reconstruction future. Comme de nombreux Français de sa génération, de Gaulle est marqué par ce qu'a été l'immense effort du peuple français pendant la guerre de 1914 : la société, depuis les paysans jusqu'aux aristocrates, a manifesté une sorte de force puissante. De Gaulle a été un genre de conseiller historique officieux de Jean Renoir pour *La Grande Illusion* – il était en poste à Metz au moment du tournage, peu avant la guerre. Ce film, pourtant pacifiste, montre comment la guerre peut rapprocher des hommes de milieux très différents. On prêtera longtemps cette vertu au service militaire universel.

**Comment de Gaulle accorde-t-il ses valeurs chrétiennes avec la guerre ?**

Il les accorde à la manière du cardinal de Richelieu. Peu savent qu'il n'était pas seulement un grand homme d'État et un habile homme de guerre, mais aussi et surtout un prêtre et un homme de foi. « Beaucoup se sauveraient comme personnes privées, qui se damnent en effet comme personnes publiques », écrit Richelieu à la fin de son *Testament politique*. Il entendait par là que lorsqu'on a la charge d'un peuple, on ne peut se contenter de la morale simple de l'homme privé : il faut obéir à une morale plus élevée, plus exigeante, plus dure, qui est la morale publique et qui impose parfois d'utiliser la force, et même la violence, parfois même de « fermer son cœur à la pitié », pour assurer le salut de la collectivité et le triomphe du bien. Dans la petite tour de la Boisserie où il avait installé son bureau, de Gaulle avait les écrits de Richelieu dans sa ligne de mire.

**Est-ce à partir de l'appel du 18 Juin que de Gaulle conçoit la guerre comme une lutte politique, morale et nationale ?**

Il le dit déjà dans le mémorandum de janvier 1940 qu'il adresse aux grands responsables politiques. Ce texte porte sur la nécessité de revoir complètement les orientations stratégiques, c'est-à-dire de développer d'urgence le système d'une arme blindée autonome et mobile pour s'adapter aux nécessités de la guerre telles que les Allemands la pratiquent. Il souligne qu'on est face à une guerre d'un genre nouveau : 1) la guerre va aller très vite et 2) la ligne Maginot peut être contournée. Seule la force mécanique peut neutraliser la force mécanique. L'armée allemande de 1939 n'est pas celle de 1914. De Gaulle l'a compris car il a lu *Mein Kampf*, et parce qu'il a eu accès avant la guerre aux rapports du renseignement militaire. Enfin, la guerre d'Espagne a confirmé ses théories.

Si les positions de l'état-major français sont si inadaptées en 1940, explique-t-il, c'est parce qu'elles sont restées dans la routine historique de la guerre de 1914 : elles n'ont pas pris en compte les impératifs nouveaux liés aux techniques et aux technologies – cette « force mécanique supérieure ». Il le comprend très tôt à la différence de Pétain. Il lui en fait d'ailleurs le reproche : la Seconde Guerre mondiale n'est pas une réédition de la guerre historique avec l'Allemagne, comme l'imagine le vieux maréchal, mais une guerre qui porte sur des enjeux de civilisation. De Gaulle est convaincu que les États-Unis ne pourront pas rester en dehors ; il n'est pas un « colonial », mais il a pourtant l'intuition du rôle que va jouer l'Empire avec la mondialisation du conflit. On retrouvera cette conviction quelques années plus tard lorsqu'il essaiera d'infléchir l'organisation de l'Otan, en 1958 : les menaces du monde ne se limitent plus au théâtre européen, dit-il, elles touchent l'Asie, l'Afrique, etc. et l'Otan n'est plus adaptée à cette réalité. Il estime qu'elle doit tenir compte de l'évolution de la guerre froide, du redressement de l'Europe en général et de la France en particulier. De Gaulle est un esprit très historique et très géographique : il pense et raisonne dans la durée et dans l'espace.

**Est-il isolé ?**

Non, pas tant que cela, il est parfois entendu dans les milieux militaires et politiques – Paul Reynaud notamment le soutient. Beaucoup ne l'aiment pas mais on ne peut pas dire qu'il soit entièrement ignoré. J'en veux pour preuve encore le mémorandum de janvier 1940 : il adresse une sorte d'ultimatum doctrinal aux dirigeants, et pourtant personne ne lui tombe dessus... Quelle audace ! Ses idées, connues et estimées, ne se traduisent néanmoins pas vraiment dans les faits : il est très tard, trop tard, et le système politique est incapable de passer à la vitesse supérieure. De Gaulle devient sous-secrétaire d'État à la Guerre, au début de juin 1940, parce qu'il a quasiment ordonné à Paul Reynaud de le prendre. Si Paul Reynaud n'avait pas obtempéré, de Gaulle n'aurait jamais rencontré Churchill, et l'histoire se serait écrite autrement. De Gaulle ne joue pas seulement des circonstances : il les provoque.

**La guerre d'Algérie confronte la France à une guerre nouvelle, à la fois révolutionnaire et décoloniale. Comment de Gaulle l'aborde-t-il ?**

La façon dont il a traité, conçu, observé cette guerre est source de débats sans fin. Il fait tout de suite la distinction entre l'aspect militaire et l'aspect politique. Il comprend que ce n'est pas une guerre classique : même si elle est gagnée en apparence sur le terrain, elle ne pourra être résolue que par des moyens politiques. Il envisage très tôt la possibilité de l'indépendance, conçue au départ comme une association entre la France et un système qui aurait permis aux communautés européennes, et notamment à l'importante communauté française, de rester en Algérie. Mais il se rend vite compte que cela ne sera pas possible. Le putsch des généraux en avril 1961 est décisif : il le pousse à mettre un terme sans délai au conflit, quel qu'en soit le coût, car il sent que toute son œuvre de redressement du pays est à nouveau en péril.

À l'époque du Rassemblement du peuple français (RPF), de Gaulle est attaché à l'Empire. Ce n'est pas un décolonisateur de vocation mais il sait que le processus de décolonisation est inévitable. Quand il crée en 1958 la Communauté franco-africaine, il réalise que cela ne fonctionnera pas : les États nouveaux n'ont guère envie de jouer le jeu, donc il s'en désintéresse et accepte un passage rapide à l'indépendance. La Françafrique, ce n'est pas de Gaulle, ce sont ses successeurs. L'obsession de De Gaulle, dès les années cinquante, dans la foulée de son premier gouvernement en 1944-1945, c'est le redressement de la France, le redressement économique, politique, social du pays, la nécessité de lui faire retrouver la place que la IVe République lui fait perdre dans le concert international. Il veut restaurer la puissance et la force des institutions françaises. Pour y parvenir, la France doit se séparer de ses colonies qui sont des obstacles et non des atouts. Elle doit accepter de s'en délester, sans pour autant renoncer à son rôle mondial. Ce positionnement le rend très bergsonien à sa manière : il a une sensation physique du temps qui passe. Il sent qu'il a très peu de temps pour agir, pour enrayer le déclin. Entre juin 1940, moment où de Gaulle « s'empare » de la politique, et son départ du pouvoir en avril 1969, il s'écoule à peine trente ans – c'est ce qui nous sépare aujourd'hui de la première présidence de Jacques Chirac ! Souvenons-nous de tout ce qui se produit dans ce laps de temps : l'effondrement de la France en 1940, la tourmente et les souffrances de l'Occupation, l'humiliation, la Libération, la IVe République, 1958, la guerre d'Algérie, le redressement, 1968, etc. L'histoire possède alors une densité exceptionnelle et on voit de Gaulle tenaillé : il ne parvient pas à faire tout ce qu'il veut en 1945. Il part du pouvoir en janvier 1946 en laissant une œuvre inachevée. De retour en 1958, il a 67 ans, le temps presse. Lorsqu'il voit que l'Algérie devient une boîte à chagrin, un combat sans issue, que la guerre civile menace et qu'il ne pourra rien résoudre, il décide de s'en défaire même si cela va entraîner de grandes souffrances pour les Pieds-Noirs et les Harkis.

**Pourquoi de Gaulle affirme-t-il toute sa vie la primauté du pouvoir civil et politique sur le pouvoir militaire ?**

Parce que c'est un homme d'État – il considère que le pouvoir militaire doit être subordonné au pouvoir civil – et parce qu'il connaît les militaires. Conduire la guerre politiquement et même stratégiquement nécessite une direction politique. L'Empire allemand perd et s'effondre en 1918 pour avoir confié la gestion politique du conflit aux militaires. De Gaulle a souvent entretenu des relations compliquées avec ses pairs. Il raisonne toujours en politique, même s'il a parfois des pratiques ou une façon toute militaire d'analyser les choses. Quand il crée l'École nationale d'administration avec Michel Debré en 1945, il imagine une école qui formera selon un même moule les étudiants et les fonctionnaires, lesquels composeront ensuite une sorte de force d'état-major et d'impulsion, d'interopérabilité entre le système politique et la bureaucratie. De Gaulle est dans la lignée de Bonaparte, ce chef civil autant que militaire qui a créé les grandes institutions administratives françaises modernes. Si ces deux politiques pensent quelquefois en militaires, ils sont aussi des militaires qui pensent en politiques. C'est une espèce à part.

***Le Fil de l'épée* développe des idées auxquelles Charles de Gaulle restera fidèle : la stratégie, le commandement, la grandeur, les relations du politique et du soldat... C'est également un traité sur le chef. Quelles sont les qualités requises pour gouverner ?**

Le chef, pour de Gaulle, n'est pas seulement un homme intelligent, c'est un homme qui a de l'intuition, de l'instinct, une vaste culture. Ces qualités, qui lui permettent de voir les réalités en relief, dans leur épaisseur, sont transposables dans l'ordre civil, c'est-à-dire dans la politique, l'administration… Certains utilisent même *Le Fil de l'épée* comme un traité de management. Le maître mot pour de Gaulle, c'est la force du caractère. Le bon chef est également celui qui, à un moment donné, sait prendre une décision. Rappelons-nous le 17 juin 1940, de Gaulle traverse la Manche seul, ou presque ; avec son aide de camp, Geoffroy de Courcel, et le général Spears, envoyé par Churchill. Ça, c'est l'art de la décision et de l'initiative, qui frise en apparence la déraison, mais qui se révèle en réalité d'une rationalité supérieure !

**De Gaulle a une conscience aiguë des rapports de force entre les nations. « L'épée est l'axe du monde », écrit-il en exergue de son livre *Vers l'armée de métier* (1934). Quand juge-t-il utile l'usage de la force ?**

Un peuple, pour de Gaulle, vit sur un territoire. Il est pourvu d'une histoire, d'une culture, de droits et de libertés qu'il s'est forgés. L'aventure d'un peuple n'a de sens que si ce peuple est souverain : s'il ne subit pas son destin, mais le maîtrise. Et pour le maîtriser, il peut, il doit recourir à des solutions extrêmes : convaincre l'adversaire que si les intérêts vitaux du pays sont menacés, il utilisera des moyens ultimes, comme l'arme nucléaire. C'est le principe de la dissuasion tous azimuts que de Gaulle va faire prévaloir dans le courant des années soixante et c'est le point sur lequel repose encore aujourd'hui, avec plus ou moins de crédibilité, notre système de défense. Avec le nucléaire, vient la définition de la doctrine des intérêts vitaux. Mais pour de Gaulle, ces intérêts peuvent dépasser les strictes frontières nationales. Il dira à Adenauer : « Il n'y aurait pas d'avenir pour la France une fois l'Allemagne tombée. »

**Il fait d'ailleurs de la dissuasion nucléaire le pivot de la stratégie militaire française après 1958. Pourquoi y voit-il la clef de l'indépendance nationale ?**

Parce qu'il comprend très vite que le paradigme nucléaire américain sur lequel comptent manifestement très tôt les pays occidentaux, et notamment les pays membres de l'Alliance atlantique, ne sera jamais une garantie absolue. De Gaulle n'a jamais été convaincu qu'en cas d'attaque conventionnelle en Europe, et peut-être même en cas d'attaque avec des armes nucléaires tactiques, les États-Unis prendraient le risque de déclencher une guerre mondiale entraînant l'anéantissement de leur population. Il a toujours pensé que les Américains pourraient considérer l'Europe comme le premier terrain d'affrontement d'une guerre mondiale mais non comme le territoire sur lequel ils engageraient le destin entier de leur propre continent. À partir du moment où le paradigme nucléaire américain n'est pas assuré, il faut que la France puisse compter sur son propre dispositif de dissuasion. Le programme nucléaire français est engagé dès 1945. Les dirigeants de la IV^e^ République poursuivent la première impulsion donnée par le gouvernement provisoire, mais ils ne savent pas encore si l'arme nucléaire française fera partie d'un ensemble, ils n'ont pas de vision cohérente. De Gaulle lui donnera un sens et une cohérence après 1958 : l'arme atomique devient une garantie de l'indépendance du pays. Si la France entre en guerre, il faut que cette guerre soit sa guerre, et qu'elle assure son salut. C'est le sens, déjà, même si ce n'est pas exprimé, du mémorandum qu'il envoie à Eisenhower en septembre 1958 : il lui propose de repenser complètement l'organisation de l'Otan ; il envisage une concertation entre les puissances occidentales – soit entre les États-Unis, la Grande-Bretagne et la France – mais ni les Américains ni les Anglais ne le suivent. Il veut également entraîner l'Allemagne dans un rapprochement politique avec la France mais là aussi, les Allemands reculent au dernier moment : ils préfèrent le parapluie nucléaire américain à l'outil français de dissuasion. De Gaulle l'expliquera en février 1968, lors d'une conférence à l'École militaire : nous avons pris la bonne décision en choisissant le système de dissuasion tous azimuts parce que nous ne savons pas qui gouvernera les États-Unis dans vingt ans… La France ne doit pas se laisser entraîner dans une guerre si cette guerre n'est pas la sienne, en tout cas elle doit toujours conserver sa liberté d'appréciation. De là sa volonté de disposer de son système de dissuasion propre, par opposition aux Anglais qui, après Nassau (1962), acceptent une dépendance technologique forte à l'égard des États-Unis. Et il faut à la France une dissuasion encore une fois « tous azimuts » car comme elle peut être attaquée de partout, elle doit pouvoir frapper partout avec une gamme aussi large que possible pour un signalement stratégique fin. D'où le choix de la triade Forces aériennes stratégiques (FAS), Force océanique stratégique (FOS) (sous-marin nucléaire lanceur d'engins : SNLE) et composante tactique terrestre.

**La finalité de la guerre est-elle toujours la paix ?**

Bien sûr. De Gaulle se rallie à une très ancienne sagesse : préparer la guerre, c'est le seul moyen de la prévenir. Pour saisir sa vision du monde et de la guerre, il faut rappeler l'une de ses convictions profondes : les démocraties sont par définition des régimes moins préparés aux rapports de force que les régimes totalitaires ; elles ont des faiblesses qui tiennent à leur système de libertés, à leur forme de civilisation. Pour défendre leur indépendance, elles doivent toujours envisager des affrontements possibles, car on ne rattrape pas le retard accumulé une fois le conflit engagé.

La crise, la menace sont le lot commun des sociétés modernes, et non la tranquillité, le bien-être… qui ne sont que des états rares et transitoires, et potentiellement néfastes car ils peuvent conduire à un relâchement suicidaire. De Gaulle le dit dans les années soixante, au moment où personne n'a envie de l'écouter – la guerre de 1940 est encore proche dans les mémoires, celle d'Algérie aussi, et à l'époque, les Français ont surtout envie de confort et de progrès matériel. De Gaulle le répète, et ce n'est pas un rôle très gratifiant : il faut se préparer à un futur qui peut être dangereux ; les nouvelles technologies vont créer de nouvelles formes d'aliénation, dit-il en 1968-1969. Le capitalisme se retrouvera face à ses contradictions le jour où les idéologies se seront effondrées. Il parle même de l'« infirmité morale du capitalisme » qu'il faudra combattre et corriger par un État fort et une société réconciliée avec elle-même. La démocratie a besoin d'une armure intellectuelle et morale. De Gaulle est dans l'anticipation, encore et toujours. La grandeur, pour lui, est liée à l'ambition, à la capacité d'affronter de grandes épreuves par de grandes vertus morales. Il faut tirer les peuples vers le haut en leur proposant des objectifs, une vision, un élan. C'est tout le sens de la politique, la vraie : l'angoisse surmontée par la grandeur. Quelle terrible exigence, mais quelle puissante vérité et quelle leçon pour nous aujourd'hui…

1. L'intégralité du poème est disponible sur le site de l'Académie française.
2. Alain Larcan, *De Gaulle inventaire*, Bartillat, 2010.

# La France a-t-elle des ennemis ?

## Jean-Dominique Merchet

Heureux pays ! La France n'a pas d'ennemis. Si l'on en croit les documents officiels, elle n'aurait en effet que des « compétiteurs stratégiques ». Magie de l'euphémisme diplomatique. Lisons ainsi la version la plus récente de la *Revue nationale stratégique*, publiée le 14 juillet 2025. Validé par le président de la République, ce texte, qui a succédé aux Livres blancs de naguère, fixe les grandes orientations de la défense nationale, après avoir décrit l'état du monde.

Le mot « ennemi » n'y apparaît que deux fois, pour constater que « le Kremlin désigne durablement et régulièrement, dans ses déclarations officielles, la France et les Européens comme ennemis » et que « la Russie qualifie elle-même l'Europe d'ennemie » (1).

**Jean-Dominique Merchet** est journaliste, spécialiste des questions de défense et de géopolitique. Il est l'auteur de *Sommes-nous prêts pour la guerre ?* (rééd. Perrin-Tempus, 2025).

En revanche, la réciproque n'est pas vraie. Vu de Paris, Moscou n'est pas un ennemi, mais un « compétiteur stratégique » décrit comme « désinhibé ». Cette notion de « compétiteur stratégique » est apparue récemment dans la doctrine française, lors de la publication en 2017 de la première *Revue stratégique de défense et de sécurité nationale*. Il s'agit en fait d'un simple copier-coller du terme *strategic competitor*, utilisé par les États-Unis dès le début des années deux mille. Depuis le Livre blanc de

1972 et jusqu'en 2017, les autorités françaises employaient de préférence la notion d'« adversaire », voire d'« adversaire potentiel », pour qualifier l'Union soviétique puis la Russie.

D'ennemis, point ! Légitime souci d'éviter l'escalade verbale, d'ailleurs partagé par la Russie, au moins diplomatiquement dans ses documents et discours officiels. Pour le Kremlin, l'Otan n'est pas un ennemi (враг, *vrag*), mais une « menace existentielle » et un « adversaire stratégique ». Et l'Otan rend la pareille à la Russie en parlant de « menace directe la plus significative et immédiate ».

On le voit, employer explicitement le mot « ennemi » pour désigner l'autre reviendrait à se considérer en état de guerre avec lui. La prudence du vocabulaire est légitime.

Il n'existe, au fond, que deux types de guerres : celles que l'on choisit et celles que l'on subit. Depuis plusieurs décennies, les Occidentaux en général et les Français en particulier vivent – ou vivaient ? – dans un grand confort géopolitique, dont les générations précédentes n'ont pas eu le bonheur de goûter le luxe : le confort des guerres choisies. Celles que nous décidons de mener, librement, pour la défense de nos intérêts ou de nos valeurs. Et pour ce faire, nous en confions le soin à des professionnels, les militaires, qui ont personnellement décidé de l'être, en toute connaissance de cause et des risques encourus. Nos pays se déchargent sur eux de cette tâche, comme ils confient aux enseignants l'éducation des enfants ou aux médecins le soin des patients. La guerre n'est plus directement l'affaire des citoyens.

Cette situation nous a fait oublier une réalité vieille comme le monde : si quelqu'un décide que vous êtes son ennemi, vous l'êtes et il devient le vôtre, même si vous estimez être animé des meilleures intentions. Vous n'avez pas le choix.

Désigner son ennemi serait l'essence même de la politique, assurent de nombreux théoriciens, à la suite du grand juriste allemand Carl Schmitt. Malgré ses fortes accointances nazies, sa pensée ne peut pas être balayée d'un revers de main. Dans son célèbre ouvrage *La Notion de politique* (2), Carl Schmitt affirmait que « le concept du politique se ramène à la distinction de l'ami et de l'ennemi ». Et d'ajouter que cette « distinction implique, en dernière analyse, la possibilité d'une guerre ». Cette vision pessimiste a été notamment défendue en France par Julien Freund, mais critiquée par le philosophe allemand Jürgen Habermas, partisan d'une vision libérale de la politique, comme espace de délibération rationnelle. Nous n'aurons pas la prétention de trancher ici le débat.

La guerre subie, les Français en ont fait l'expérience avec les attentats terroristes islamistes. Depuis 2012, selon le ministère de l'Intérieur, ceux-ci sont responsables de la mort de 274 personnes et de plus de 1 200 blessés – dont environ la moitié (130 morts et 413 blessés) lors des seules attaques du 13 novembre 2015. Le choc psychologique fut immense. La guerre, décidée par l'« autre », pouvait surgir en plein concert, à la terrasse d'un café, dans un magasin casher, une salle de rédaction, sur une promenade en front de mer, dans une église, au coin de la rue… Personne n'était plus à l'abri. Ce retour de la guerre subie, les Américains l'avaient vécu dès le 11 septembre 2001, avec 2 977 morts et des milliers de blessés, avant que la plupart des pays européens ne le redécouvrent à leur tour, à Madrid, Londres ou Bruxelles.

Depuis 1945, le terrorisme sur notre sol a été la seule forme de guerre imposée que nous ayons eue à subir. Aucun missile n'est tombé sur nos villes et aucun char n'a franchi nos frontières. Pendant quatre-vingts ans ! Une parenthèse enchantée. Dans l'histoire de France, il faut remonter à la période 1815-1870, soit à peine cinquante-cinq ans, pour en trouver une autre.

## Guerres « subies » ou guerres « choisies »

On peut s'interroger sur la guerre froide avec l'Union soviétique. En effet, les historiens débattent pour savoir si elle fut « subie » ou « choisie » par l'Occident. Pour les premiers, partisans de la thèse dominante, elle a été imposée par la volonté expansionniste de Staline et de ses successeurs jusqu'aux années quatre-vingt. D'autres considèrent, au contraire, qu'elle fut la conséquence malheureuse d'une « paix saccagée » en partie par les Occidentaux, selon la formule de l'historien Daniel Yergin. Il n'en reste pas moins que pendant plus d'un demi-siècle, le « monde libre » savait qui était son ennemi – et réciproquement.

En revanche, les guerres coloniales de la France en Indochine et en Algérie furent « choisies » par le refus des responsables français – et de manière très consensuelle – de procéder à une décolonisation rapide et pacifique dès 1945. En Indochine, le retour de l'armée française, avec le bombardement d'Haïphong en novembre 1946, alors que le Vietnam avait déjà proclamé son indépendance depuis plus d'un an autour d'Hô Chi Minh, est l'une des décisions les plus stupides et criminelles de notre histoire récente. De même, le refus de tirer les conclusions politiques du soulèvement algérien du 8 mai 1945 (Sétif, Guelma et Kherrata) réprimé dans le sang par l'armée française. Chargé de la besogne, le général Raymond Duval n'était alors pas dupe : « Je vous ai donné la paix pour dix ans... » Cette « paix » prit fin le 1er novembre 1954, avec l'issue que l'on sait.

Ces époques sont heureusement derrière nous. Depuis plus de trente ans, nous choisissions nos guerres, les qualifiant d'« interventions » ou d'« opérations ». Nous choisissions donc nos ennemis, sans crainte parfois d'employer le mot comme le firent François Hollande et Emmanuel Macron s'agissant des « groupes armés terroristes » au Sahel. Ennemis, donc, mais sans déclaration de guerre, puisque nos armées n'affrontaient pas un autre État. Déclarer la guerre est un usage diplomatique en voie d'extinction, même en cas de conflit contre un autre État, comme l'Irak en 1991, la Serbie en 1999, voire la Libye en 2011 ou même les frappes avortées contre la Syrie en 2013. La France n'a plus déclaré la guerre, ce qui constitue un acte de droit international public, depuis le 3 septembre 1939.

Choisir de faire la guerre – donc de désigner son ennemi – n'est pas, par principe, une mauvaise chose. La défense de nos intérêts et de nos valeurs est légitime. Il en est ainsi de la guerre du Golfe en 1990-1991. Pouvions-nous accepter qu'un État, l'Irak, décide d'annexer son voisin, le Koweït – indépendant depuis trente ans et membre reconnu des Nations unies –, et de le rayer de la carte ? Tolérer cet *Anschluss* (« rattachement ») réalisé par l'Irak, c'était renoncer à tous les principes sur lesquels se fonde le droit international et ouvrir une boîte de Pandore. La même question se pose à nouveau, depuis 2014 et surtout depuis 2022, avec la volonté de la Russie de prendre le contrôle de l'Ukraine.

## France-Allemagne : trois conflits

Concernant l'Hexagone, il peut être intéressant de revenir plus loin encore dans le passé en examinant la question de la guerre choisie ou subie au travers des trois conflits entre la France et l'Allemagne, de 1870 à 1945. Le 19 juillet 1870, l'empire français de Napoléon III déclarait la guerre au royaume de Prusse. Une décision d'une rare stupidité, à la suite d'un imbroglio diplomatique – la « dépêche d'Ems », le télégramme de Bismarck qui mit le feu aux poudres. Avec la guerre contre le Danemark (1864), puis contre l'Autriche (1866), la Prusse avait pourtant clairement montré sa force et ses ambitions. En six mois, la défaite française fut consommée. Une guerre choisie et perdue.

Le 3 août 1914, l'Empire allemand déclarait à son tour la guerre à la République française. Les historiens débattent toujours des causes du premier conflit mondial et des responsabilités des uns et des autres, comme l'a fait l'historien australien Christopher Clark qui décrit de sa formule définitive les acteurs d'alors comme des « somnambules ». « Quatorze », c'est à la fois une guerre « choisie » par la mise en place, durant les années précédentes, des conditions propices à son déclenchement, et une guerre « subie » dans les semaines qui la précédèrent. Alfred Fabre-Luce l'écrivait dès 1924 : « L'Allemagne et l'Autriche ont fait les gestes qui rendaient la guerre possible, la Triple Entente *[France, Royaume-Uni, Russie]* a fait ceux qui la rendaient certaine. »

Le 3 septembre 1939, enfin, la France déclarait la guerre au Reich allemand, de concert avec le Royaume-Uni, deux jours après l'invasion de la Pologne par les troupes nazies. La France choisit alors, non pas la guerre, mais la date de son déclenchement. On sait aujourd'hui que ce conflit était dans les projets géopolitiques d'Adolf Hitler avant même son accession au pouvoir, le 30 janvier 1933.

Les contemporains, eux, ne pouvaient pas le savoir aussi bien que nous et ils n'en prirent conscience que progressivement. Ne leur jetons pas trop vite la pierre : la société française des années trente souffrait d'un véritable « stress post-traumatique » collectif, provoqué par la Grande Guerre, ses 1,4 million de morts et 4 millions de blessés. Admirons plutôt ceux, peu nombreux, qui furent lucides très tôt : ils ont encore des choses à nous apprendre sur les conflits d'aujourd'hui. Et saluons l'honnêteté intellectuelle d'un Léon Blum, écrivant au lendemain des accords de Munich, en 1938 : « La guerre est probablement écartée. Mais dans des conditions telles que moi, qui n'ai pas cessé de lutter pour la paix, je n'en puis éprouver de joie et que je me sens partagé entre un lâche soulagement et la honte. »

Depuis lors, la France vit dans la hantise de l'« esprit munichois » – ce « lâche soulagement » qui consiste à renoncer à la guerre pour tenter de préserver coûte que coûte sa propre tranquillité. Les accords de Munich du 30 septembre 1938 furent une honte : l'abandon délibéré aux ambitions nazies, par les deux plus grandes démocraties d'Europe – la France et le Royaume-Uni –, d'un autre État démocratique, la Tchécoslovaquie.

Prenons garde, toutefois, à ne pas abuser d'invectives telles que « Munichois ! » pour imposer le silence aux opinions critiques ou aux voix inquiètes. Le bellicisme des « va-t-en-guerre » ne vaut pas mieux. On en a constaté les dégâts avec les néoconservateurs américains qui ont mis, en 2003, l'Irak à feu et à sang. Ou, en 2011, lors de l'intervention française en Libye, au bilan contrasté. Tout est affaire de circonstances et de mesure. « Munich » ne saurait fixer la norme morale une fois pour toutes.

Après avoir longtemps imposé, désormais nous subissons. Le retrait pitoyable d'Afrique le montre amplement. De même, nous subissons l'agression russe de l'Ukraine, la politique de Donald Trump, le déchaînement de la guerre au Moyen-Orient, à Gaza comme entre Israël et l'Iran, demain peut-être un conflit majeur avec la Chine.

Longtemps nous avons cru que nous pourrions remodeler le monde selon nos principes, y compris, parfois, par la force de nos armes. C'est fini : il faut avoir le courage de le reconnaître et de s'adapter à l'« heure des prédateurs » décrite par Giuliano da Empoli (3). La belle époque d'un monde régi par le droit et le « doux commerce » – l'identité même de l'Union européenne – s'effiloche sous nos yeux.

Comme le pronostiquait Emmanuel Macron dès 2018 dans *La NRF* (4), non sans une certaine jouissance malsaine qui le rendait « optimiste », « l'histoire que nous vivons en Europe redevient tragique ».

Nous avons à nouveau des ennemis. Qui sont-ils ? D'abord ceux, intraitables, qui s'en prennent à nous, non pour ce que nous faisons, mais pour ce que nous sommes ou ce que nous avons été. Je veux parler ici des islamistes. Ensuite, la Russie évidemment. S'abritant derrière son siège permanent au Conseil de sécurité des Nations unies et ses armes nucléaires, elle s'attaque à l'Ukraine et menace d'autres pays européens. Puissance révisionniste, elle tente de changer l'ordre des choses à son seul profit. Et certainement pas au nôtre. C'est également le cas, d'une tout autre manière, de la Chine, de l'Iran, de la Corée du Nord, d'autres demain peut-être.

Dans ce monde sauvage, cynique et violent, il faut être fort. Et forts, il est illusoire de penser que nous puissions l'être seuls. Si nous n'avons plus le choix de nos ennemis, nous conservons en revanche celui de nos alliés et de nos amis. Ils sont un trésor sur lequel, chaque jour, nous devons veiller avec le plus grand soin.

1. On peut consulter la *Revue nationale stratégique* sur le site du Secrétariat général de la défense et de la sécurité nationale (https://www.sgdsn.gouv.fr/publications/revue-nationale-strategique-2025).
2. Carl Schmitt, *Der Begriff des Politischen*, 1932, traduction française, *La Notion de politique*, Calmann-Lévy, 1972.
3. Giuliano da Empoli, *L'Heure des prédateurs*, Gallimard, 2025.
4. « L'histoire redevient tragique (une rencontre) », entretien avec Emmanuel Macron, propos recueillis par Michel Crépu et Alexandre Duval-Stalla, *La NRF*, mai 2018.

# Le conflit à l'ère du cyber

Arnaud Coustillière

Le cyberespace, ou espace numérique, concentre nombre d'interactions essentielles aux activités et aux échanges du monde moderne ; il s'est imposé comme un théâtre central des rivalités géopolitiques contemporaines. Les cyberattaques ne sont plus des épiphénomènes, mais des outils systématiques de coercition, d'espionnage et de déstabilisation, utilisés aussi bien par les États que par des acteurs non étatiques. Les actions, autrefois cantonnées à des opérations ponctuelles, sont désormais un levier stratégique permanent, redéfinissant les rapports de force et les seuils de conflictualité.

Les années deux mille ont été celles de la réflexion, la période comprise entre 2005 et 2015 a montré une arme stratégique en appui à toutes sortes de conflictualités, puis un milieu de combat « gris » à part entière, avec ses caractéristiques propres et une porosité entre les types d'acteurs, allant des propagandistes aux militaires en passant par les criminels, les agents de renseignement et des influenceurs, activistes ou hackers.

Le vice-amiral d'escadre (2S) **Arnaud Coustillière** est président du Pôle d'excellence cyber, ancien commandant de la cyberdéfense des Armées (2011-2017).
presidence@pole-excellence-cyber.org

En moins de deux décennies, les nations ont créé des commandements cyber plus ou moins structurés, utilisant l'espace numérique dans leurs stratégies de puissance et de conflictualité. La France n'y a pas dérogé. Poursuivant un mouvement initié par le Livre blanc de 2007, elle a fortement renforcé les moyens de ses services de renseignement ; les Armées se sont dotées dès 2011 d'un commandement cyber couvrant l'ensemble des domaines de la conflictualité numérique : offensif, protection, défensif et influence.

À présent champ de confrontation à part entière, au même titre que les milieux terrestre, maritime, aérien et spatial, il concentre les ambiguïtés de la conflictualité moderne : asymétrie, hybridité, prolifération, difficulté d'attribution, brouillage des seuils entre guerre et paix, criminalité, sécurité, défense. Les armées, mais aussi les sociétés civiles et les démocraties, sont confrontées à des menaces protéiformes qui mêlent attaques techniques et manipulations cognitives.

## Un espace de combat stratégique

Les premières alertes de niveau stratégique sont venues d'Europe de l'Est : l'Estonie en 2007 paralysée par des cyberattaques, la Géorgie en 2008 confrontée à des offensives numériques en appui d'une campagne militaire russe. Ces épisodes ont démontré que le cyber n'était plus seulement un vecteur d'espionnage, mais pouvait accompagner directement les opérations militaires. Stuxnet (2010), véritable missile de croisière cyber, conçu pour saboter le programme nucléaire iranien, a confirmé que des armes numériques pouvaient produire des effets comparables à ceux d'armes conventionnelles. En 2012, le système d'information de la société pétrolière nationale saoudienne Aramco (Arabian American Oil Company) a été piraté par des hackeurs supposés iraniens, l'obligeant notamment à revenir au fax pendant plusieurs semaines.

En parallèle, des romans de fiction ont développé des scénarios d'Armageddon cyber, scénarios réalistes et possibles à condition que les organisations ciblées ne disposent pas de capacités de défense et de résilience. Ces récits vraisemblables n'ont fait que conforter l'effet très fortement déstabilisateur de cette arme grise, qui transforme des actions « virtuelles » en menaces.

Pour ma part, en tant que Comcyber (commandant de la cyberdéfense), j'ai pu constater que la réalité a souvent dépassé la fiction, ce qui montre que les « nocifs » font preuve de beaucoup d'imagination ; ils combinent innovations d'usage et innovations technologiques dans l'emploi et la confection des « armes » numériques. En outre, l'intelligence artificielle (IA) générative offre aujourd'hui des outils offensifs à des acteurs qui n'ont pas les compétences techniques pour les concevoir, attestant que la prolifération est une caractéristique de ce domaine.

Le cyberespace se caractérise par une facilité d'action pour les acteurs non étatiques, voire isolés, capables de frapper des infrastructures critiques d'États puissants. La prolifération des *malwares* (logiciels malveillants), la réutilisation quasi illimitée d'outils numériques et la porosité entre acteurs étatiques, mafieux, hacktivistes et terroristes en font un milieu « gris ». Cette asymétrie favorise le « faible » face au « fort ». Les démocraties, ouvertes par nature, sont particulièrement exposées aux opérations de désinformation et d'ingérences étrangères.

C'est une arme grise par excellence, parfaitement adaptée aux situations de crise, pouvant s'attaquer à des cibles essentielles, tout en restant sous un seuil de violence qui la ferait entrer dans le cadre du droit des conflits armés ; les acteurs avancent masqués.

## Une menace multiforme et permanente

Les cyberattaques s'intensifient, nourries par l'intelligence artificielle qui facilite grandement le travail des attaquants : *ransomwares* (attaques informatiques assorties de demande de rançon) sophistiqués, vols massifs de données, notamment personnelles, campagnes de désinformation, sabotages.

À côté des attaques techniques par pénétration dans les systèmes, celles par saturation – le système est saturé par des requêtes incessantes – se développent toujours et gagnent en puissance.

En outre, le champ des perceptions est devenu central. Les groupes djihadistes comme Daech ont très tôt exploité Internet pour diffuser une propagande structurée, multilingue et immersive, visant à terroriser, recruter et inciter au passage à l'acte. Al Qaida l'a conceptualisé dès 2009 dans divers écrits. La Russie, quant à elle, a perfectionné l'art de l'ingérence informationnelle, mêlant attaques techniques, propagande et manipulation des réseaux sociaux avec une ingérence dans les processus électoraux dès 2017 (États-Unis et France), puis des actions d'influence en Afrique à travers son groupe Wagner notamment. Le cyber est ainsi devenu hybride, entre sabotage technique et guerre psychologique.

La conflictualité cyber ne se limite plus aux attaques techniques : elle est indissociable des campagnes de désinformation et de l'exploitation des biais cognitifs. L'IA est un multiplicateur de menaces, permettant de générer des *deepfakes* (enregistrements vidéo ou audio réalisés ou modifiés par l'IA), d'automatiser les attaques de *phishing* (mails ou SMS frauduleux) ou de personnaliser la propagande. Les hacktivistes, motivés par des causes géopolitiques ou idéologiques, jouent un rôle croissant, souvent en marge des États, mais avec un impact réel sur les dynamiques conflictuelles.

Cette hybridation pose un défi majeur : comment attribuer une attaque, distinguer l'acte de guerre de l'activité criminelle, et y répondre sans escalade ?

## Les politiques cyber des grandes puissances

**Russie : l'art de la déstabilisation.** Le cyber est un pilier de sa doctrine de « guerre hybride ». Depuis 2022, ses opérations en Ukraine combinent attaques par saturation, cyberespionnage et campagnes de désinformation, visant à saper la cohésion sociale et la résilience des infrastructures visées. Les groupes hacktivistes pro-russes agissent en coordination avec les services de renseignement pour brouiller les lignes entre acteurs étatiques et non étatiques. En 2025, Moscou continue de cibler les pays occidentaux, exploitant les vulnérabilités des chaînes d'approvisionnement et les failles des systèmes informatiques, et menant des actions d'influence, notamment contre la France, régulièrement dénoncées par l'agence gouvernementale nationale Viginum (Service de vigilance et de protection contre les ingérences numériques étrangères).

**Chine : la quête de la suprématie technologique.** L'approche est duale : développement de capacités offensives et renforcement de sa souveraineté numérique. La Chine utilise le cyberespionnage pour acquérir des technologies critiques et influencer les normes internationales, en promouvant un cadre juridique national qui limite la liberté d'action des entreprises occidentales. Son Plan national de cybersécurité 2024 illustre cette volonté de contrôler les infrastructures et de contrer la désinformation.

**Ukraine : le laboratoire de la guerre cyber.** Le conflit ukrainien a révélé l'ampleur et la complexité des opérations cyber. Dès 2014, des attaques ont visé les réseaux électriques, les systèmes de communication et les institutions gouvernementales. En 2022, des attaques cyber ont accompagné la campagne militaire mais en restant au second rang. En 2025, les belligérants innovent constamment, avec des campagnes de désinformation générées par l'IA et des attaques sur les infrastructures critiques, comme les réseaux d'adduction d'eau. Ces opérations illustrent la porosité entre cyber et guerre conventionnelle, ainsi que l'importance de la résilience sociétale.

**Moyen-Orient et ailleurs : la multiplication des fronts.** Les tensions entre Israël et le Hamas, ou les rivalités entre l'Iran et ses adversaires régionaux, ont également donné lieu à des cyberoffensives. En 2024, des attaques ont ciblé des hôpitaux, des ports et des systèmes financiers, soulignant la vulnérabilité des sociétés hyperconnectées.

Le cyber impose un art de la guerre renouvelé. Les opérations militaires et les crises modernes intègrent systématiquement une dimension cyber. Mais le cyber impose aussi une doctrine globale de résilience pour la société civile : développement d'une résilience nationale, obligation pour les entreprises stratégiques de déployer des structures défensives, coordination interministérielle, résistance face aux *fake news*, cohésion de la société… La gestion des crises cyber exige de gagner la « guerre du temps », en anticipant les attaques, en les dénonçant et en les caractérisant, en rassurant l'opinion et en gardant l'initiative pour reprendre l'ascendant sur les attaquants.

## Dissensus juridique international

Le droit international s'applique au cyberespace, mais son interprétation et son application restent controversées. La Charte des Nations unies, le droit humanitaire et les normes de comportement responsable (comme celles qui sont issues des groupes d'experts de l'ONU) fournissent une base, mais leur mise en œuvre bute sur des divergences géopolitiques. La Russie et la Chine prônent des règles restrictives pour les puissances occidentales, tandis que ces dernières insistent sur l'application des principes existants.

En 2025, l'ONU poursuit ses efforts pour établir un mécanisme permanent de dialogue sur la cybersécurité, mais les divisions entre grandes puissances freinent les progrès. Le Conseil de sécurité, bien que conscient de l'urgence, peine à adopter des résolutions contraignantes. La France et l'Union européenne défendent une approche associant États, entreprises et société civile, mais la fragmentation des intérêts rend difficile l'émergence d'un consensus.

Les empires numériques développent un droit national extraterritorial au service de leur puissance. L'ingérence ne s'est pas limitée à la désinformation et à la propagande, le « droit » est devenu un outil stratégique au service de l'intérêt des « empires numériques » que sont la Chine et les États-Unis dans leur combat pour l'hégémonie numérique. Les lois

« numériques » de ces deux nations sont extraterritoriales, que ce soit le Cloud Act, le Fisa (*Foreign Intelligence Surveillance Act)* aux États-Unis, ou encore la Loi sur le renseignement national en Chine.

## Priorité stratégique de la France

Dans un discours fondateur à Rennes fin 2016, Jean-Yves Le Drian a rappelé que l'arme cyber peut produire des effets comparables à des moyens « cinétiques », que peu d'États disposaient encore de capacités offensives de grande ampleur, mais leur nombre croît rapidement. La France, de son côté, s'autorise à recourir à l'arme informatique pour neutraliser, saboter ou détruire des systèmes adverses, dans le respect du droit des conflits armés et du droit international humanitaire.

La France a intégré le cyber dans sa doctrine militaire et sa stratégie de sécurité nationale depuis 2011. Le Livre blanc de 2013 a élevé la cyberdéfense au rang de priorité stratégique ; le ministère des Armées dispose d'un Commandement de la cyberdéfense (Comcyber), compétent pour les actions offensives et d'influences numériques dans le cadre des opérations militaires, mais aussi pour la protection et la défense du ministère des Armées.

En parallèle, l'État a fortement renforcé ses services de renseignement et œuvré à la mise en place d'une posture de défense et de résilience numériques sous l'égide du secrétariat général de la Défense et de la Sécurité nationale, avec en particulier la création de l'Agence nationale de la sécurité des systèmes d'information (ANSSI) dès 2009, puis de Viginum en 2021.

Cependant, le cyber gomme les frontières et oblige à repenser la souveraineté. Les infrastructures numériques mondiales (*cloud, data centers*, câbles sous-marins) sont largement contrôlées par des géants étrangers, accentuant les dépendances stratégiques.

Depuis 2018, ce sujet est devenu un sujet politique, encore accentué par le développement très rapide de l'IA générative. Il s'agit à présent de définir, face à ces mastodontes, aussi puissants que les compagnies maritimes qui défiaient les rois en leur temps, une forme d'autonomie stratégique française et européenne pour sauvegarder nos intérêts essentiels et nos valeurs démocratiques.

L'idéologie Maga (*Make America Great Again*), le comportement brutal de l'administration Trump ont bouleversé notre système d'alliance et semé encore plus d'incertitudes. De plus en plus urgent et prégnant, ce sujet constitue à la fois un défi et une opportunité de renouveau stratégique pour l'Europe.

Le cyber n'est plus un simple outil, mais une composante centrale de la conflictualité contemporaine parfaitement adaptée à la période de crise, y compris en préparation d'un conflit classique. Il permet d'espionner, saboter, manipuler et fragiliser la résilience d'un adversaire à moindre coût, en brouillant les seuils entre guerre et paix, en restant sous un certain niveau de violence et en faisant porter ses actions par des « partisans ». Pour les démocraties, le défi est double : protéger leurs infrastructures et leur cohésion sociale tout en développant des capacités offensives crédibles et proportionnées.

Le cyber est désormais un multiplicateur de puissance, un accélérateur de conflits et un terrain d'affrontement permanent. Son importance dans les formes actuelles de conflictualité ne cessera de croître, imposant aux États, aux entreprises et aux citoyens une adaptation constante. La maîtrise du cyberespace ne se limite pas à la technologie : elle est aussi une question de stratégie, de droit et de gouvernance. À l'heure où les frontières entre paix et guerre, civil et militaire, s'estompent, la capacité à naviguer dans cette complexité déterminera la place des acteurs sur l'échiquier géopolitique de demain.

Le cyber est comme le maritime. On ne gagne pas la guerre en mer, mais sans sa maîtrise on peut la perdre, voire, dans le cas du cyber, perdre la guerre sans pouvoir combattre.

# Réarmement : le prix de la sécurité

## Annick Steta

Avant même la fin de la Seconde Guerre mondiale, les dirigeants des principales puissances économiques et militaires commencèrent à poser les premières briques d'un ordre international fondé sur le droit et destiné à préserver la paix. L'adoption le 26 juin 1945 de la Charte des Nations unies puis son entrée en vigueur le 24 octobre 1945 manifestèrent de façon éclatante cette volonté de limiter les risques de déclenchement et d'extension de conflits armés. Cinq ans plus tard, Robert Schuman, alors ministre des Affaires étrangères de la République française, proposa aux pays d'Europe de l'Ouest de gérer collectivement la production de charbon et d'acier de façon à rendre la guerre « non seulement impensable, mais matériellement impossible ». La création en 1951 de la Communauté européenne du charbon et de l'acier (CECA) constitua le point de départ de la construction européenne.

**Annick Steta** est docteur en sciences économiques et diplômée de la Harvard Kennedy School.
annick.steta@alumni.harvard.edu

Quatre-vingts ans après l'institution de l'Organisation des Nations unies, l'exacerbation des tensions internationales laisse craindre une guerre ouverte entre les pays qui s'étaient naguère engagés en faveur de la paix. Le Conseil de sécurité, auquel la Charte des Nations unies a confié la « responsabilité principale du maintien de la paix et de la sécurité internationales », est paralysé. Ses décisions doivent être prises par un vote affirmatif de neuf de ses membres dans lequel sont comprises les voix de tous les membres permanents : la Chine, les États-

Unis, la France, le Royaume-Uni et la Russie. Ces cinq États sont par ailleurs les seules puissances nucléaires reconnues par le Traité sur la non-prolifération des armes nucléaires. Or la Russie a envahi l'Ukraine, la Chine n'a pas condamné cette invasion, et les États-Unis sont devenus largement imprévisibles depuis la réélection de Donald Trump. Le président américain se montre néanmoins constant sur certains points. Il a ainsi fait pression sur les membres de l'Organisation du traité de l'Atlantique nord (Otan) pour qu'ils portent progressivement leurs dépenses de défense à 5 % du produit intérieur brut (PIB). Les États européens et le Canada ont parfaitement compris qu'ils ne pouvaient plus compter sur le soutien automatique de Washington. Ils ont également eu le souci d'apaiser, sinon de normaliser, leurs relations avec leur allié américain afin de ne pas insulter l'avenir. Lors du sommet de l'Alliance atlantique qui s'est tenu à La Haye en juin dernier, ils se sont donc engagés à accroître leurs dépenses de défense proprement dites de façon qu'elles atteignent 3,5 % du PIB en 2035. La prise en compte de dépenses liées à la défense et à la sécurité au sens large permettra de se rapprocher de l'objectif assigné par le président Trump.

Raisonner en termes de pourcentage du PIB permet d'appréhender l'évolution de l'effort de défense d'une nation à travers le temps et de réaliser aisément des comparaisons internationales. Dans la plupart des pays occidentaux, la part du PIB consacrée à la défense a fortement diminué depuis les années cinquante. Entre 1951 et 2024, elle est passée de 10 à 3,4 % aux États-Unis, de 8,3 à 2,3 % au Royaume-Uni et de 6 à 2 % en France. La Fédération de Russie, qui est le principal État successeur et l'État continuateur de l'Union des Républiques socialistes soviétiques (URSS), a maintenu son effort de défense entre 3 et 4,5 % du PIB de 1992 à 2014. Elle l'a significativement accru lors de la préparation de l'annexion de la Crimée, en 2014, et depuis l'invasion de l'Ukraine, en février 2022. Quant à la Chine, la part de son PIB consacrée à ce secteur est passée de 2,45 à 1,7 % entre 1989 et 2024. Mais le PIB chinois a crû de façon spectaculaire durant cette période. Exprimées en dollars courants, les dépenses de défense des principales puissances militaires esquissent la géographie des conflits actuels et potentiels. En 2024, elles ont atteint 997 milliards de dollars aux États-Unis, 314 milliards en Chine et 149 milliards en Russie. L'Allemagne s'est hissée en quatrième position avec 88 milliards de dollars. Elle était suivie de l'Inde (86,1 milliards), du Royaume-Uni (81,7 milliards), de l'Arabie saoudite (80,3 milliards), de l'Ukraine (64,7 milliards) et de la France (64,67 milliards).

Le déclenchement en 2014 de la guerre du Donbass a marqué le début d'un mouvement de réarmement dans les États les plus exposés à la menace russe : les pays d'Europe centrale et d'Europe orientale ainsi que les pays scandinaves. L'Ukraine, qui a combattu des forces séparatistes dans le Donbass avant de faire face en 2022 à une tentative d'invasion à grande échelle de l'armée russe, a vu ses dépenses de défense passer de 2,97 à 34,48 % de son PIB entre 2014 et 2024. Durant la même période, elles sont passées de 1,91 à 4,15 % du PIB en Pologne. Une évolution similaire a été observée en Estonie, en Lettonie et en Lituanie.

## Le beurre ou les canons

L'analogie du beurre et des canons permet de faire comprendre les choix auxquels un État est confronté quand sa sécurité est menacée. Chaque pays dispose, à un instant donné, d'une certaine quantité de facteurs de production : du capital et du travail, qu'il exploite au moyen de techniques de production. À long terme, la quantité de facteurs de production et les techniques de production peuvent évoluer. Mais à court terme, elles sont fixes. Imaginons qu'un pays produise exclusivement du beurre, qui représente les biens de consommation, et des canons, qui symbolisent les armes. S'il souhaite fabriquer davantage de canons, il devra réorienter une partie des moyens de production affectés à la fabrication de beurre. La diminution du niveau de vie de la population permettra de financer la hausse de l'enveloppe de défense.

La Russie et l'Ukraine, qui sont entrées en économie de guerre, compriment leurs dépenses civiles pour financer leurs dépenses militaires. Celles-ci ont englouti 54 % des dépenses budgétaires de l'Ukraine en 2024. Il est plus délicat d'évaluer l'enveloppe russe consacrée au financement de l'appareil militaro-industriel et de la guerre menée sur le territoire ukrainien : les données affichées dans les documents publiés par le gouvernement russe ne reflètent qu'une partie de la réalité. Dans une note publiée en avril 2025 par l'Institut international de recherche sur la paix de Stockholm, l'économiste britannique Julian Cooper a estimé que les crédits militaires avaient représenté 35 % des dépenses budgétaires de la Fédération de Russie en 2024 (1).

La situation des pays d'Europe occidentale et d'Europe centrale est différente de celle de la Russie et de l'Ukraine. Ceux d'entre eux qui sont membres de l'Otan se sont engagés à porter leurs dépenses de défense proprement dites à 3,5 % du PIB d'ici à 2035 (2). Pour les pays de l'Union européenne, dont l'effort de défense ne dépassait pas 1,9 % du PIB en moyenne en 2024, cela représenterait une dépense supplémentaire de 300 milliards d'euros par an. Dans un contexte de croissance économique faible, la marche à franchir pour le continent européen est très haute. Elle l'est davantage encore pour la France, dont les finances publiques continuent de se dégrader.

Les dépenses de défense de la France sont tombées sous le seuil de 3,5 % du PIB en 1970. Elles ont été réduites à moins de 3 % du PIB en 1989, année de la chute du mur de Berlin. Depuis la seconde moitié des années deux mille, elles oscillent autour de 2 %. Paris a utilisé les « dividendes de la paix » liés à la fin de la guerre froide pour adapter le format de son armée et de son industrie de défense à un environnement stratégique caractérisé par l'apaisement des tensions entre les grandes puissances. La suspension de la conscription en 1997 a entériné le choix d'une armée de métier. L'intégralité des compétences de l'industrie de défense a été préservée en dépit d'une diminution significative des quantités produites. Les entreprises françaises du secteur de l'armement savent parfaitement fabriquer des équipements de haute technologie en série courte, mais elles ne sont pas en mesure de répondre rapidement à une augmentation de la demande. Elles refuseront de s'engager dans la voie d'un accroissement de leurs capacités de production en l'absence de commandes suffisantes pour rentabiliser leurs investissements. Dans les circonstances actuelles, cet obstacle peut être levé.

## Évaluer et financer l'effort de réarmement

Encore faut-il que le réarmement de la France et de ses alliés ne pèse pas exagérément sur le reste de l'économie – autrement dit, que les citoyens ne soient pas amenés à sacrifier trop de beurre pour payer les canons nécessaires à leur sécurité. Dans un pays démocratique, l'augmentation des crédits de la défense doit être acceptée par les électeurs. Or il est souvent difficile de convaincre la population de la réalité d'une menace tant que celle-ci n'est pas devenue manifeste. L'invasion de l'Ukraine constitue un terrible exemple de cet aveuglement : en dépit de la concentration de troupes et de véhicules de combat russes observée aux frontières ukrainiennes dès le début du mois de février 2022, personne ou presque, en dehors du gouvernement des États-Unis, ne croyait que Vladimir Poutine entreprendrait de conquérir militairement ce pays.

Pour concilier réarmement et préservation du niveau de vie de la population, il est impératif de partir des besoins en matière de défense des États européens membres de l'Otan et de définir collectivement les moyens les plus pertinents pour atteindre l'objectif visé. La volonté affichée en juillet dernier par la France et le Royaume-Uni de coordonner leurs forces de dissuasion nucléaire constitue un signal important, même s'il est vraisemblable que cette coordination restera limitée dans les faits. La réflexion engagée par le président de la République sur l'éventuelle extension à d'autres pays européens de la protection de l'arme nucléaire française répond à une préoccupation similaire : accroître le niveau de sécurité de l'ensemble de la zone en exploitant au mieux les atouts de chacun des pays concernés et en procédant à une forme de « division du travail » à l'échelle européenne.

Identifier les moyens conventionnels permettant de répondre efficacement aux menaces pesant sur l'Europe est également indispensable. La guerre d'Ukraine a vu apparaître de nouveaux moyens de supériorité stratégique. L'utilisation massive de drones par les armées russe et ukrainienne a changé la donne en la matière : mobiliser les ressources rares et précieuses que sont les avions de combat et leurs pilotes pour neutraliser des drones relativement peu onéreux et faciles à remplacer n'a strictement aucun sens. Le soutien apporté aux entreprises innovantes du secteur de la défense revêt donc une importance capitale. Financer des projets modestes, qui semblent parfois relever davantage du bricolage que de l'ingénierie, peut s'avérer payant à moyen terme. La créativité des militaires et des producteurs d'armes ukrainiens a largement contribué à la capacité de résistance du pays face à l'offensive russe. L'ingéniosité et l'adaptabilité sont au nombre des facteurs clés de succès que les industriels européens de l'armement doivent développer.

Encourager l'innovation permettra également de réduire la dépendance technologique des armées européennes à l'égard des États-Unis. Cette dépendance constitue une des explications de leur addiction aux équipements américains. Alors que la fiabilité de l'allié états-unien est devenue sujette à caution, il est essentiel de proposer aux armées européennes des alternatives de qualité équivalente à un prix compétitif. Produire ces matériels localement présenterait de surcroît l'immense avantage de tirer la croissance économique européenne vers le haut. L'administration Trump fera vraisemblablement tout son possible pour s'y opposer. Lorsque le président des États-Unis a présenté, en juillet dernier, les grandes lignes de l'accord commercial conclu avec l'Union européenne, il a affirmé que les pays membres s'étaient engagés à acheter de grandes quantités d'équipements de défense auprès de fournisseurs américains. Toute velléité d'autonomie de la part des Européens risque donc d'être considérée comme une provocation, voire une trahison, par le bouillonnant locataire de la Maison-Blanche.

D'autres difficultés pourraient entraver le réarmement de l'Europe. L'imbrication des entreprises européennes de défense dans des chaînes de valeur internationales ainsi que leur dépendance à l'égard de matériaux dont les approvisionnements peuvent être restreints par les pays producteurs en constituent deux exemples. L'apparition de goulots d'étranglement, en particulier au niveau des sous-traitants, enraierait le processus de montée en cadence (3). Surtout, l'ensemble de cet effort restera vain si les carrières militaires ne deviennent pas plus attractives. Compenser les contraintes propres à ces métiers au moyen de rémunérations plus élevées contribuerait à faciliter les recrutements (4).

La dernière question à traiter est celle du financement de cet effort de réarmement. Deux économistes allemands, Johannes Marzian et Christoph Trebesch, ont cherché à éclairer ce point en faisant appel à l'histoire des cent cinquante dernières années. Ils ont réuni des données relatives à 113 périodes durant lesquelles 22 États ont accru leurs dépenses d'armement. Leurs conclusions sont sans appel. Confrontés à la nécessité de se réarmer en moins de cinq ans, la majorité des pays concernés ont eu recours à la dette et, dans une moindre mesure, à des hausses d'impôts. Seule une minorité d'entre eux a opté pour une réduction des dépenses publiques (5). Les pays qui ont géré leurs finances de manière rigoureuse se trouvent donc aujourd'hui dans une bien meilleure position que les autres pour financer leur sécurité. L'Allemagne, dont la dette publique représente 62,5 % du PIB, a révisé début 2025 les règles du « frein à l'endettement » afin d'accroître les sommes allouées à la défense. Contrairement à son voisin d'outre-Rhin, la France est prise dans l'étau d'une dette publique désormais supérieure à 115 % du PIB. Pour échapper à la pression que les marchés font peser sur elle tout en finançant son réarmement, elle devra impérativement réduire d'autres dépenses publiques. Les Français sont-ils prêts à payer ce prix pour vivre en sécurité ?

1. Julian Cooper, « Preparing for a Fourth Year of War: Military Spending in Russia's Budget for 2025 », *Stockholm International Peace Research Institute*, avril 2025, p. 9.
2. La quasi-totalité de ces pays sont désormais membres de l'Otan. Quatre États de l'Union européenne n'ont pas rejoint cette organisation : l'Autriche, Chypre, l'Irlande et Malte. Il en va de même de cinq autres États européens : la Bosnie-Herzégovine, le Kosovo, la Moldavie, la Serbie et la Suisse.
3. « L'industrie de la défense au défi de la montée en cadence », *Le Monde*, 22 juillet 2025, p. 24.
4. Grégory Claeys, Sylvain Moura, Léo Quennesson et Jérôme Trinh, « Comment financer le réarmement et nos autres priorités d'ici à 2030 ? », *France stratégie*, Note flash n° 2, mai 2025, p. 6-7.
5. Johannes Marzian et Christoph Trebesch, « How to finance Europe's military buildup? Lessons from history », *Kiel Policy Brief*, n° 184, février 2025.

# Nucléaire : l'Europe peut-elle dissuader la Russie ?

Muriel Domenach et Mélanie Rosselet

La guerre en Ukraine, l'agressivité russe et l'incertitude croissante sur la garantie américaine rebattent les cartes de la dissuasion et de la défense en Europe. Alors que le nucléaire revient au premier plan des conflits actuels, la question est posée : les Européens seront-ils prêts à temps, ou faut-il redouter ce que les stratèges nomment en anglais un « deterrence gap », un déficit de dissuasion ? S'ouvrirait alors une fenêtre de vulnérabilité dont la Russie profiterait pour lancer une guerre d'agression contre un État européen.

Trois temporalités s'imbriquent dans la possible émergence d'une telle fenêtre : celle du réarmement russe, celle de l'accroissement des tensions entre la Chine et les États-Unis, et celle du réveil stratégique européen.

## Le tempo russe

L'objectif stratégique de la Russie a été clairement affiché dans l'*ultimatum* en forme de projets de traité transmis à l'Otan et aux États-Unis à la veille de l'invasion de l'Ukraine, en décembre 2021. La Russie appréhende sa sécurité dans l'insécurité de ses voisins et souhaite rétablir une sphère d'influence dans son « étranger proche », en limitant la souveraineté des États d'Europe centrale et leur capacité à se défendre. Cela nécessite de diviser : diviser les Américains et les Européens, diviser les Européens de l'Ouest et ceux de l'Est. Cette ambition implique la possibilité que la Russie aille au-delà de l'Ukraine, pour s'en prendre au reste de l'Europe.

L'invasion à grande échelle de l'Ukraine n'a pas été un échec de la dissuasion nucléaire, puisque la Russie a été dissuadée jusqu'à présent de toute agression susceptible de provoquer une riposte et ne s'en est pas prise à l'assistance militaire à l'Ukraine par les alliés.

Mais la Russie a perçu – et continue de percevoir – une asymétrie des volontés et des enjeux entre Russes et Européens. Elle s'en trouve encouragée à poursuivre ses objectifs maximalistes.

À quelles conditions et à quel moment la Russie pourrait-elle s'y risquer ? Deux lectures s'opposent sur son aptitude à régénérer ses forces. L'une considère que la Russie est durablement fixée par la guerre en Ukraine, sa base industrielle contrainte et son capital humain entamé, repoussant l'horizon d'une menace majeure. L'autre souligne le passage réussi à une économie de guerre, la capacité de mobilisation, l'adaptation tactique et industrielle (munitions, drones, défense sol-air), et anticipe une remontée en puissance plus rapide. Dans les deux hypothèses, la Russie pourrait fort bien être tentée d'exploiter une fenêtre d'opportunité contre l'Europe dès une stabilisation ou un gel du conflit en Ukraine. Au regard des conséquences d'une telle agression, la prudence commande de s'y préparer dans l'objectif de dissuader la Russie de s'y risquer.

Mais la question clé est de savoir comment elle s'y prendrait. Pour ce qui concerne la stratégie, il faut se garder de tirer des conclusions trop hâtives de la guerre que la Russie mène contre l'Ukraine, notamment parce que le rôle qu'y joue la dissuasion nucléaire russe ne serait pas le même. Du point de vue de la stratégie militaire, la guerre d'Ukraine reste une guerre locale (avec la particularité d'être qualifiée d'« existentielle » par Vladimir Poutine, qui la place dans une catégorie à part). La Russie y a recouru à l'intimidation nucléaire, non pas tant à l'encontre de l'Ukraine elle-même qu'à celle des Occidentaux, pour les dissuader de s'impliquer directement dans le conflit, contraindre leur soutien à l'Ukraine, voire chercher à imposer une capitulation ukrainienne qu'elle n'est pas en mesure d'obtenir militairement. La rhétorique nucléaire est aussi devenue

Ancienne ambassadrice de France à l'Otan de 2019 à 2024, **Muriel Domenach** est membre du conseil des laboratoires d'idées Globsec et du Conseil européen pour les relations internationales.

**Mélanie Rosselet** est experte associée au Centre interdisciplinaire sur les enjeux stratégiques (CIENS). Elle a dirigé l'ouvrage *Démocratie(s) et Dissuasion* (Odile Jacob, 2024).

un élément de la campagne hybride contre les alliés, qui mêle sabotages d'infrastructures, intrusions et survols par avions et drones, campagnes de subversion, pressions le long du flanc est. Ces actions cherchent à fragmenter les réponses alliées et à jauger la détermination des démocraties européennes, en apeurant leurs opinions, en cas de riposte.

La dimension nucléaire est au cœur de l'intimidation exercée sur l'Europe ; elle serait présente dans tous les scénarios d'escalade contre les Européens, plus que sur le théâtre ukrainien, où la Russie s'est reposée sur des forces conventionnelles. Cette dimension interviendrait à des stades possiblement précoces du côté de Moscou – dans la mesure où, du point de vue de la doctrine militaire russe, un tel conflit correspondrait d'emblée à une guerre régionale, qui emporte le recours à des capacités stratégiques.

L'enjeu pour les Européens est donc de parvenir à fermer à temps les fenêtres d'opportunité pour la Russie. Dans cette optique, il faut pouvoir opposer une posture de dissuasion crédible à l'échelle de l'Europe, qui doit nécessairement comporter un élément nucléaire. Mais il faut aussi une posture conventionnelle suffisamment robuste pour s'assurer que la Russie ne soit pas tentée de « contourner par le bas » cette dissuasion nucléaire, à travers des actions hybrides ou des tests conventionnels présentant un risque croissant d'escalade ou une opération limitée visant à créer rapidement un fait accompli. Le chaînage de ces deux éléments nucléaires et conventionnels doit convaincre Moscou de la solidarité entre Européens et de l'absence de failles qu'elle pourrait être tentée d'exploiter. Le calendrier de réarmement russe n'est cependant pas le seul facteur que les Européens doivent considérer : ils doivent aussi tenir compte du désengagement américain.

## Le repli américain

Après la guerre froide, la supériorité conventionnelle et la parité nucléaire russo-américaine avaient fait de la garantie américaine un acquis. La participation au partage nucléaire de l'Otan, pour nombre d'alliés, était d'ordre symbolique. Cette situation est aujourd'hui profondément remise en cause. Les développements internes aux États-Unis et les actions contre le Venezuela laissent percevoir que l'emploi des forces armées va en priorité au continent américain dans une forme de doctrine Monroe revisitée, et à une guerre politique culturelle et interne. Pour autant, les États-Unis restent engagés dans la compétition de puissance avec la Chine.

Ils veulent logiquement accélérer le « passage de témoin » aux Européens afin de pivoter vers l'Asie. La deuxième présidence de Donald Trump en brutalise la mise en œuvre, mais cette évolution n'est pas nouvelle car Washington fait face à un « problème des deux pairs » nucléaires – Chine et Russie. Le scénario qui hante les stratèges américains est celui de la « coordination opportuniste » entre la Chine et la Russie, c'est-à-dire d'un conflit simultané sur deux fronts, en Asie et en Europe. L'essor rapide de l'arsenal chinois et la coordination opportuniste sino-russe mettent sous pression la planification et les moyens militaires américains. Même sans désengagement d'Europe affiché, l'allocation de moyens de dissuasion (nucléaires et conventionnels) y devient plus parcimonieuse.

L'appréciation américaine du danger chinois est dans ce contexte une variable clé : la question n'est pas « si » Washington réduisait son empreinte européenne, mais « quand » et « de combien », selon le moment où l'Asie exigerait une concentration de dissuasion et de forces. Quel serait le point de bascule où la combinaison des menaces russe et chinoise deviendrait trop lourde, incitant les États-Unis à chercher un accommodement tactique avec Moscou – au détriment de la sécurité européenne – pour faire face d'abord à Pékin ? Cela ne signifiera pas forcément un désengagement total du continent européen, mais les États-Unis demandent désormais un transfert du fardeau de la sécurité européenne qu'ils ne veulent plus, ni ne peuvent, assumer seuls.

Ce glissement suffit à questionner la dissuasion élargie en Europe, dans ses composantes nucléaires et conventionnelles : moins de capacités de renseignement, de ravitaillement en vol, de capacités logistiques stratégiques, de défense aérienne, de munitions de précision, et une incertitude accrue sur les conditions d'emploi des forces et du signalement nucléaire. Les Européens souhaitent une transition ordonnée – mais la menace, elle, peut accélérer. Ils doivent donc bâtir une crédibilité autonome suffisante pour que tout signal américain de hiérarchisation régionale ne se traduise ni par un pari adverse de fait accompli en Europe, ni par une tentation de transaction stratégique.

## Le rythme européen

Un déficit de dissuasion pourrait exister si se formait une fenêtre où la capacité et la volonté crédibles de riposte – conventionnelle et, en dernier ressort, nucléaire – étaient perçues comme insuffisantes pour dissuader une agression limitée en Europe, une fois que l'engagement américain serait considéré comme réduit. C'est le scénario central identifié par la *Revue nationale stratégique* pour les alliés européens face à une Russie durablement menaçante, dans le cadre de scénarios d'attaques se voulant « limitées » sur le territoire européen (par exemple, contre les pays Baltes). Ce contexte oblige à reformuler la défense européenne, historiquement tournée vers la gestion de crises externes, et non vers la défense de l'Europe elle-même, qui relevait quant à elle de l'Otan, c'est-à-dire en dernier lieu, des États-Unis. Le réarmement européen est engagé : budgets en hausse, commandes de munitions, relance de l'artillerie, y compris pour les frappes dans la profondeur, renforcement de la défense aérienne, montée en puissance des stocks de munitions, amélioration des capacités de renseignement, de surveillance, de reconnaissance et de guerre électronique, développement de la lutte anti-drones, etc.

La coalition des volontaires en soutien à l'Ukraine sous direction franco-britannique constitue un progrès notable dans la responsabilisation des Européens : ces derniers planifient leur sécurité par eux-mêmes, en lien avec les États-Unis. C'est une première dans la matérialisation d'un pilier européen de l'Otan – ou d'une européanisation de l'Alliance. Toutefois, trois décalages persistent : le passage en « économie de guerre » n'est pas encore assez significatif et supposera des choix budgétaires et sociaux difficiles dans la durée ; les marchés de défense restent fragmentés et la transition à l'échelle souffre de goulots d'étranglement sur des capacités critiques ; la crédibilité opérationnelle des Européens seuls doit encore progresser. Le surcroît de dissuasion nécessaire à l'Europe appelle également un renouveau de la réflexion sur l'articulation entre conventionnel et nucléaire. Comment envisager les scénarios complexes d'escalade conventionnelle entre puissances nucléaires ou bénéficiant d'une protection nucléaire ?

Notre compréhension des mécanismes d'escalade doit être revisitée, pour repenser les capacités, notamment conventionnelles, propres à placer le seuil nucléaire au niveau le plus élevé possible tout en décourageant une attaque conventionnelle limitée. C'est bien l'intérêt du réarmement de nos partenaires européens. Leur renforcement conventionnel contribuera à la reformulation de l'articulation et même de l'épaulement entre forces conventionnelles et forces nucléaires. Il montre que la dimension européenne de la dissuasion nucléaire française doit s'inscrire dans un cadre collectif et n'est pas une relation à sens unique.

Les deux puissances nucléaires européennes, la France et le Royaume-Uni, ont déjà franchi un cap en décidant, en juillet dernier, avec la déclaration de Northwood, de mieux coordonner leurs dissuasions au plan capacitaire et doctrinal, tout en restant pleinement indépendantes. Cette coordination envoie un message de solidarité intra-européen : la combinaison des dissuasions française et britannique réduit la tentation d'isoler un partenaire. Cette déclaration permet d'élever la perception d'un coût stratégique commun en cas de test contre un allié européen, sans enfermer la décision dans des automatismes. Paris et Londres seront amenées à conduire un dialogue exigeant avec leurs partenaires, notamment leurs partenaires allemand et polonais qui se sont montrés demandeurs, autour de questions fondamentales liées au périmètre des intérêts vitaux comme à la gestion de l'escalade.

Plusieurs questions se posent. Quelle est la dimension européenne dans la définition des intérêts vitaux ? Comment dissuasion nucléaire et forces conventionnelles peuvent-elles se conforter pour que la dissuasion ne soit pas contournée par le bas ou par le haut ? Comment gérer l'escalade le cas échéant sans les États-Unis ? Comment éviter une mise en échec en cas de prise de gage russe limitée à un territoire d'Europe orientale comme on l'avait redouté pour Berlin pendant la guerre froide ? Sur qui reposeraient ultimement les risques d'escalade ? Comment gérer une frappe de test russe en l'absence de garantie de soutien américain en dernier ressort ?

Pour y répondre, quelques constats de bon sens s'imposeront : la sécurité européenne est indivisible ; les forces nucléaires et les forces conventionnelles s'épaulant, la dissuasion est renforcée quand les deux composantes sont fortes ; la crédibilité se construit par des actes et les réponses aux tests présentés. Une chose est sûre : la demande d'un surcroît de dissuasion face à une menace russe inscrite dans la durée nécessite de renforcer l'appropriation des enjeux de dissuasion au sein des sociétés européennes. Elle sera essentielle pour consolider la détermination des démocraties européennes.

Face à l'incertitude sur les calendriers russe et américain, il faut agir comme si une fenêtre de tests pouvait s'ouvrir rapidement, en cherchant des modalités d'accélérer l'effort de défense européen et d'étoffer la dissuasion de l'Europe. Côté américain, le facteur chinois resserre la contrainte ; les nouvelles priorités de Washington ne doivent ni surprendre ni tétaniser l'Europe. Les Européens n'ont d'autre choix que d'accepter des niveaux de risques plus élevés à l'avenir, face aux défis posés par ceux qui nous désignent comme leur ennemi.

# Le fantassin, la guerre et nos illusions

Aurélien Tillier

Peu de livres d'histoire militaire parviennent à conjuguer le souffle de l'expérience vécue et la précision de la réflexion théorique. Peut-être une telle équation ne peut-elle être résolue que par quelqu'un qui connaît la réalité du terrain, mais en a également étudié l'histoire. Michel Goya, ancien colonel des troupes de marine, déployé au Rwanda, à Sarajevo et en Centrafrique, et spécialiste de l'histoire de l'armée, est de ces hommes-là. Son nouvel ouvrage (1) offre bien plus qu'un récit de batailles. Il propose une méditation sur la condition de soldat, de tout temps confronté au même impératif: tenir sous le feu et vaincre au contact les forces ennemies. Dès les premières pages, le lecteur est saisi par le récit détaillé de l'embuscade d'Uzbin, en Afghanistan, le 18 août 2008. Dix soldats français y trouvent la mort, vingt et un autres sont blessés. Pour la première fois depuis la guerre d'Algérie, une section d'infanterie française est détruite au combat. C'est un cataclysme militaire, mais aussi politique, qui révèle la manière dont l'État français, soucieux de minimiser son engagement et se refusant à parler de « guerre » en Afghanistan, a laissé combattre des unités sous-équipées, privées de moyens d'appui suffisants, face à des talibans bien formés et confiants.

**Aurélien Tillier** est journaliste et critique littéraire.
aurelien.tillier.pro@gmail.com

Pour les fantassins, l'expérience du feu sur l'« échiquier du danger » est universelle, de l'infanterie prussienne cadencée par le drill à la Grande Armée de Napoléon, du Poilu de 1915 au soldat de l'opération « Barkhane ». Dans plusieurs chapitres d'une grande richesse, Michel Goya retrace l'évolution du combattant rapproché depuis le début du XIXe siècle. Il rappelle que l'armée fut d'abord aristocrate, avant que les révolutions américaine et française n'inventent le citoyen-soldat, et que la professionnalisation des forces ne consacre ensuite le militaire comme spécialiste permanent de la guerre. La psychologie elle-même s'est transformée : le soldat-automate est devenu un combattant patriote, dont la motivation repose sur la cohésion du groupe et l'idée d'une mission légitime. Quant à la technique, elle a tout bouleversé. Les fusils, les canons, les mitraillettes et les blindés ont multiplié la puissance de feu et la cadence de tir. Ainsi, le fantassin a plus de moyens de survie, mais il est encore plus vulnérable dans la zone de mort.

En cela, la guerre en Ukraine apparaît comme un laboratoire du combat rapproché de demain. D'un côté, elle montre la permanence du rôle de l'infanterie. Faute de matériel moderne en nombre suffisant, la Russie envoie toujours plus de soldats en première ligne, souvent sacrifiés pour entamer les défenses ukrainiennes. Dans les tranchées, ce sont les combattants ukrainiens qui paient le prix le plus lourd. De l'autre, cette guerre réinvente la notion même de « combat rapproché ». Les drones rôdent au-dessus des lignes, guidés par des opérateurs à des kilomètres du front, et larguent grenades et explosifs à bas coût. La proximité ne se joue plus seulement à l'échelle du fusil, et c'est la première fois dans l'histoire, note Michel Goya, que des robots infligent la majorité des pertes.

Plus percutantes encore sont les pages sur les défis qui attendent aujourd'hui notre armée. Le combat urbain en est un. Les forces françaises ne se sont jamais battues contre une organisation armée dans une grande ville, « une anomalie qui ne saurait durer éternellement ». Mais quel chemin privilégier ? Celui des Américains, parvenus à débarrasser Falloujah des rebelles irakiens en 2004 au terme de plusieurs semaines de combats, maison par maison, rue par rue, après avoir incité les civils à s'enfuir ? Ou celui des Israéliens, qui préfèrent protéger leurs militaires et infliger à Gaza une puissance de feu massive, quitte à tuer des dizaines de milliers de civils ?

« L'effort guerrier ne vaut qu'en vertu d'une politique », prévenait Charles de Gaulle en 1938 (2). Il y a, dans cette *Théorie du combattant*, une leçon amère. Nous entrons dans l'« époque des Royaumes combattants », signale Michel Goya, où s'entrechoquent superpuissances nucléaires, puissances régionales et organisations armées. La France, dont la métropole n'est plus menacée depuis longtemps, s'imagine protégée par la dissuasion et la diplomatie, et oublie qu'aucune stratégie ne résiste sans force de combat rapproché crédible. L'auteur le rappelle crûment : notre armée manque d'hommes, de véhicules, de munitions. Elle ne pourrait aujourd'hui soutenir une guerre de haute intensité. Ce n'est pas seulement un constat militaire, c'est une critique politique. Crise budgétaire, dépendance à l'allié américain, refus de penser la masse : sommes-nous bien prêts à affronter des lendemains dangereux ? Le livre de Michel Goya, derrière ses pages savantes sur l'évolution du fusil ou des tactiques napoléoniennes, est avant tout une invitation à ouvrir les yeux. La guerre ne se soucie ni de nos déficits ni de nos illusions : elle finit toujours par venir chercher l'homme au plus près, dans la boue, avec son arme et son courage.

1. Michel Goya, *Théorie du combattant*, Perrin, 2025.
2. Charles de Gaulle, *La France et son armée*, Tempus/Perrin, 2016.

# Jaurès et la « loi de trois ans »

Yves de Gaulle

Le 31 juillet 1914 (1), plus d'un mois après l'attentat de Sarajevo et trois jours avant la déclaration de guerre de l'Allemagne à la France, Jean Jaurès dîne au Café du Croissant, rue Montmartre à Paris, avec ses collaborateurs, non loin de son journal, *L'Humanité*. Fatigué, il est assis dos à la fenêtre, restée ouverte pour laisser passer un peu d'air en cette soirée étouffante. À quoi pense-t-il ? Sans doute au prochain conflit européen dont, par le jeu des alliances, l'imminence se précise. Personnalité célèbre du socialisme international, il a cherché à l'éviter de toutes ses forces. Lors du congrès extraordinaire de la SFIO qui s'est tenu quelques jours avant du 14 au 19 juillet, il se montrait encore naïvement confiant dans la volonté exprimée par les classes ouvrières européennes de s'y opposer en utilisant, si nécessaire, l'arme de la grève générale simultanément et internationalement organisée. Le 29 au soir, au Cirque royal de Bruxelles (2), il s'était fait acclamer sur ce thème, avec Rosa Luxemburg, en appelant encore au renforcement des manifestations contre la guerre. Cet après-midi même, il était à la Chambre, prenait connaissance de la mobilisation de l'armée autrichienne, puis essayait de rencontrer, sans

**Yves de Gaulle** est haut fonctionnaire. Il est l'auteur d'*Un autre regard sur mon grand-père Charles de Gaulle* (Plon, 2016) et de *« Ma République ». Apocryphe de Charles de Gaulle* (L'Observatoire, 2019). Dernier ouvrage publié: *Chevalier solitaire* (Plon, 2022).

succès, le président du Conseil Viviani. Dans la soirée, il rédigeait un projet d'article au siège de son journal avant de se résoudre à aller dîner. La guerre était là. Il s'est beaucoup battu pour convaincre d'y échapper. Il était contre la guerre, oui. Depuis longtemps. Mais sans être pour autant un pacifiste forcené.

## Jaurès n'était pas pour la paix à tout prix...

Dans un article de *La Dépêche* daté du 12 février 1887, il écrivait: « Aujourd'hui, la France reste comme elle doit rester, éveillée, attentive, prête à se lever jusqu'au dernier homme pour la défense du sol, mais elle a une confiance presque entière dans le maintien de la paix. (3) » Sa thèse se construit sur l'idée de liberté, consubstantielle à celle de la paix, elle-même possible entre des nations républicaines qui, selon lui, sont, par nature, dénuées d'agressivité ou de volonté de conquête. Il le dit dans l'article cité: « C'est la liberté qui unit tous les fils de France *[...]* Désormais *[...]* que nous ayons *[...]* la paix, ou au contraire, par la criminelle folie de l'agresseur, la guerre sainte pour notre France bien aimée, liberté et patrie sont inséparables. »

Jaurès n'a cessé d'analyser l'histoire des hommes et des États selon les critères de la guerre et ses processus de développement. Il y consacra deux grands livres, *La Guerre franco-allemande (1870-1871)*, en 1908, et *L'Armée nouvelle* en 1910, sans évoquer les articles consacrés à la nation armée et aux guerres révolutionnaires tout au long de son *Histoire socialiste de la Révolution française*. Bien qu'il soit philosophe de formation marxiste, le concept central de sa démonstration est d'origine thomiste: qu'est-ce qu'une guerre juste? Il accordait ainsi aux démocraties le droit de se défendre par les armes jusqu'à la victoire, alors qu'à l'inverse, toute guerre d'agression et de conquête est insoutenable par nature et étrangère aux gouvernements démocratiques. Certes, avant d'en arriver à cette étape du raisonnement, il aura dû évoluer et prendre conscience des aspects sombres du colonialisme, considéré au début de sa carrière comme étant l'apport « aux hommes de couleur *[de]* la liberté des Blancs... », avant d'intégrer finalement dans la vision de la guerre juste celles qui sont de solidarité envers les persécutés. Le choix de faire la guerre, face à un agresseur extérieur, repose sur la conscience d'avoir tout tenté pour conserver la concorde entre les nations, et Jaurès confère ainsi d'autorité à son pacifisme, le sien et celui qui est intrinsèque aux démocraties, un pouvoir moral supérieur en ce qu'il estime justifié de combattre pour sauver la paix et la liberté. Mais de quelle guerre s'agit-il, ou plutôt comment peut-on croire raisonnablement que l'on peut choisir *ab initio* le genre de guerre que l'on veut mener pour pouvoir se défendre ?

## Mais il s'est trompé de guerre...

Jaurès avait pourtant passé du temps à étudier les conflits entre les nations. Mais lorsqu'il imagine ce qu'il croit être une guerre juste jusqu'à la victoire, il n'évoque pour la France démocratique qu'une seule forme possible de conflit avec l'organisation militaire qui doit s'y attacher : la guerre défensive, par opposition à l'attitude qui serait certainement celle de l'Allemagne, à savoir une offensive brutale et formidable sur le gros des forces françaises. Le raisonnement peut paraître logique : fort d'une prétendue supériorité morale, notre pays, république libre et démocratique, ne pourra résister à l'ennemi qu'en puisant au fond de ses réserves populaires. Jusque-là, le raisonnement peut être suivi. La suite est plus difficile à comprendre : la France, en répondant à une brusque attaque allemande par une riposte de même type, commettrait, pour Jaurès, une erreur autant technique que morale en se faisant « les imitateurs et les esclaves de l'adversaire » (4). Devant ce qui est apparemment l'écrasante supériorité des armées allemandes, en armement et en hommes disponibles, notre pays ne pourrait combattre efficacement qu'en construisant une autre logique : celle de la défensive totale.

> « Il ne s'agit pas d'une défensive inerte et passive, mais au contraire d'une défensive passionnée qui ramasse des énergies pour produire des effets décisifs, pareille à un cœur ardent qui recevrait tout le cœur du pays pour mieux animer le combat. La portion même du territoire qu'il faudra abandonner d'abord à l'invasion pour concentrer ses forces, la France ne l'abandonnera pas sans résistance. Les forces combattantes des régions frontalières *[...]* formeront une avant-garde de couverture *[...]* par des retranchements mobiles. Seulement, elle ne s'engagera pas à fond. Sa fonction sera de fatiguer *[...]* l'offensive ennemie *[...]* et elle se repliera sur la zone de concentration nationale. *[...]* De la nation armée rassemblée pour les grands combats jaillira enfin une contre-offensive audacieuse. (5) »

Les critiques à l'encontre de cette thèse vinrent de tous les horizons : accepter comme seule stratégie la défense, c'est donner à l'ennemi l'initiative du combat au moment et à l'endroit qu'il aura choisi ; c'est se résigner à l'occupation d'une partie du territoire en attendant… ; c'est diminuer notre capacité diplomatique en étant considéré comme une puissance militaire incapable de projeter sa force, donc d'aider ses alliés ; c'est affecter à la défense civile reposant sur des millions de citoyens des efforts financiers colossaux bien supérieurs à la mise en place d'une armée mobile et professionnelle ; c'est sous-estimer la barbarie de l'acte de guerre qu'il est illusoire de soumettre *a priori* à des idéaux de moralité et de justice. Jaurès était bien loin de Napoléon et son génie des batailles qui n'était jamais dans l'application de règles rigides, imposées d'emblée, mais dans l'application déterminée de principes reposant sur l'initiative (offensive, vitesse, concentration, surprise, rupture de fronts, indépendance des corps d'armée, renseignement préalable…).

## … et d'organisation militaire pour défendre la patrie

Revenons au moment du débat sur la « loi de trois ans » votée au Parlement le 19 juillet 1913 par l'Assemblée nationale et le 7 août, dans les mêmes termes, par le Sénat. Le gouvernement Barthou voulait alors porter la durée du service militaire de deux à trois ans afin de renforcer le contingent mobilisé et en armes face à la menace allemande, et de le porter à plus de 700 000 hommes alors que l'armée ennemie était forte de 850 000 soldats.

Jaurès prendra largement la parole au cours de la discussion. Il n'a pas écrit son discours. Ce n'est pas son style. Il improvise largement d'autant mieux qu'il a en tête son livre sur l'armée nouvelle. Orateur virtuose, interminable d'éloquence (passant presque deux jours de séances à discourir), mais inconséquent dans l'argumentaire : préférer l'éducation et la formation de notre jeunesse républicaine, rassemblée en armée de réservistes, contre « le type suranné de l'armée de métier », cela en 1913 face aux forces du Kaiser supérieures en effectifs et surtout en armement, c'était courir à une défaite rapide une fois l'ennemi dans la capitale. Paris est plus proche de la frontière allemande que Moscou, et la France ne dispose pas de la profondeur stratégique de la Russie.

Il y a toujours quelque chose qui brise le talent, même le plus éminent, c'est l'absence d'expérience qui conduit à l'irresponsabilité :

celle de l'intelligence ! Trop jeune pour avoir participé à la défaite de 1870, trop vieux pour notre guerre d'aujourd'hui, Jaurès ne s'est jamais frotté à l'horrible du combat, autrement que dans les livres, où la contingence, la difficulté de discerner, l'absence de temps pour décider sont le lot du commandement. La sanction est souvent fatale, quelquefois irréversible, loin des débats, des idées, des hypothèses. D'une idée stratégique juste, d'ailleurs fournie par les Allemands eux-mêmes, à savoir la lenteur escomptée d'une lourde mobilisation de l'armée russe (6) laissant le temps à l'Allemagne de vaincre rapidement la France pour ensuite retourner à l'est ses divisions, Jaurès tire une conclusion doublement erronée : la première est de prolonger vers le nord-est la ligne de nos forteresses, et l'autre de rassembler la masse de tous les citoyens français, organisée, éduquée, articulée pour optimiser la puissance défensive de notre pays. Deux mesures, dont l'efficacité est discutable, et qui de toute façon prendraient un temps considérable pour leur mise en œuvre. À une attaque pressentie comme rapide aurait dû, selon lui, répondre une organisation lente. Sans doute ne savait-on pas, en 1913, quand aurait lieu la guerre, mais les circonstances laissent rarement le loisir d'une longue réflexion préalable. Jaurès croyait avoir le temps ! Le devoir des gouvernements et de l'état-major était évidemment de se préparer à toutes les occurrences avec les moyens dont on disposait, compte tenu des renseignements accessibles et changeants sur les forces de l'ennemi. Réagir, le cas échéant, rapidement nécessitait cette loi visant à appeler au service militaire une troisième classe d'âge, dès que possible, pour au moins lui donner une formation minimum et un armement convenable dans le temps qui pouvait rester. Le rassemblement des masses de combattants, par la mobilisation classique, viendrait ensuite s'emboîter sur le premier socle de combat. Jaurès souhaitait inverser la séquence : en rester à une durée du service militaire de deux ans (7), et préparer la masse nombreuse des citoyens en milices populaires, à la manière suisse, qui viendrait en renfort du premier choc. Bref, d'un côté, le renforcement rapide de nos divisions pouvant résister efficacement aux offensives d'un ennemi plus nombreux et mieux armé, pour être ensuite secondé par les forces de mobilisation classiques ; de l'autre, une première ligne de défense plus réduite, accompagnée le moment venu d'une armée de réserve regroupant toutes les forces populaires disponibles. On connaît la suite ! Où en serions-nous si nous avions perdu la bataille de la Marne ? Cela est presque arrivé ! L'assassinat transfigure le personnage mais ne rachète pas ses erreurs d'appréciation. Sur la guerre, Jaurès c'est le talent corrompu par l'idéologie. Il y eut d'ailleurs, un peu plus tard, un jeune officier français prisonnier en Allemagne, à Ingolstadt, qui faisait des conférences à ses camarades et disait toutes les difficultés rencontrées par notre état-major pour l'instruction, hésitante et décousue (8), des réserves dans les dépôts. L'explication en était relativement simple, « la forme de la campagne se transformant sans cesse, la nature et le nombre des spécialités se modifiant tandis que se modifiaient les engins, la conception de l'emploi des moyens évoluant au fur et à mesure » (9). Il était malaisé, dans ces conditions, de tenir les troupes nouvelles et anciennes au fait de l'enseignement des batailles. Que pouvait donc valoir militairement un dispositif de formation, court, fragmenté, préétabli, loin des manœuvres, fourni à une large masse de citoyens réservistes dispersés sur le territoire et lents à rassembler ?

Les organisations n'ont pas grande importance en elles-mêmes et ne valent guère que par les aptitudes des hommes qui les dirigent. Les doctrines *a priori*, elles, n'ont aucune valeur dans l'art de la guerre comme dans toutes les affaires humaines. Jaurès n'était pas du côté de Bergson, son condisciple et concurrent à l'École normale. Trop systématique, très marxiste, totalement inexpérimenté (avoir été journaliste et parlementaire ne suffit pas pour gouverner), il est passé à côté de la « doctrine des circonstances », inspirée par celui-ci à ce jeune officier français cité plus haut qui en fera notamment un livre (10)… À la guerre il faut essayer de disposer de moyens équivalant à ceux de son adversaire… Jaurès ne l'a pas vu ainsi. Mais l'histoire se moque des idéalistes et de leur doctrine. Elle n'a aucun horizon indépassable, aucun but, aucun sens, sauf celui que lui donnent, après coup, les vainqueurs. Non, décidément, la guerre est une chose trop sérieuse pour être laissée aux politiciens, aux commentateurs ou aux intellectuels.

1. Jean Jaurès sera assassiné à bout portant, vers 21 h 40, par un étudiant nationaliste, Raoul Villain, qui lui tire deux coups de feu dans le dos par la fenêtre ouverte.
2. Salle de spectacles de Bruxelles où s'est tenue les 29 et 30 juillet 1914 la réunion de la Deuxième Internationale socialiste.
3. Article réédité *in Jaurès. L'intégrale des articles de 1887 à 1914 publiés dans* La Dépêche, Privat, 2009.
4. *Œuvres de Jean Jaurès*, tome XIII, *L'Armée nouvelle*, édition de Jean-Jacques Becker, Fayard, 2012, p. 125.
5. *Idem*, p. 152.
6. Convention militaire franco-russe signée le 17 août 1892 qui prévoyait une mobilisation mutuelle dans les deux pays en cas de mobilisation d'une des trois puissances de la Triplice (Allemagne, Autriche-Hongrie, Italie) ; une intervention russe contre l'Allemagne si celle-ci ou l'Italie (soutenue par l'Allemagne) attaquait la France ; une intervention française contre l'Allemagne si celle-ci ou l'Autriche-Hongrie (soutenue par l'Allemagne) attaquait la Russie.
7. Loi du 21 mars 1905 créant le service militaire universel d'un an, dont l'article 33 permettait au gouvernement une année de prolongation sous les drapeaux « dans le cas où les circonstances pourraient l'exiger ».
8. Charles de Gaulle, *Lettres, notes et carnets 1905-1918*, « Année 1917 », Plon, 1980.
9. *Idem*, « Année 1916 ».
10. Charles de Gaulle, *Le Fil de l'épée*, chapitre IV, Plon, 1932.

# Logique des guerres de position

Stéphane Audoin-Rouzeau

Ce qu'il est convenu d'appeler la « guerre de position » constitue une occurrence peu fréquente dans notre expérience historique récente. Nous n'avons finalement que trois exemples à notre disposition : la Grande Guerre, sur les fronts oriental et balkanique, certes, mais surtout sur le front ouest – front décisif d'une longueur de 700 kilomètres resté presque inchangé entre la fin de l'année 1914 et le retour au mouvement du printemps et de l'été 1918 – ; la guerre Iran-Irak, tout particulièrement entre les années 1982 et 1988 ; et l'actuelle guerre russo-ukrainienne à partir de la fin de sa phase de mouvement initiale. Le nombre finalement restreint d'occurrences de ce type de guerre, dans le cadre d'un agenda guerrier contemporain pourtant très étoffé, ajouté à la méconnaissance répandue du conflit irano-irakien de 1980-1988, explique sans doute pour une part nos difficultés à saisir ce qui se joue exactement dans le conflit qui oppose depuis plus de trois années et demie l'Ukraine à la Russie : faute de comprendre la logique profonde des guerres de position, les « fondamentaux » de ce qu'il convient d'appeler (avec de vifs regrets) la défaite ukrainienne, de plus en plus évidente depuis cet été 2025, nous ont largement échappé. Tentons, par la mobilisation d'un savoir historique minimal, de les éclairer quelque peu.

**Stéphane Audoin-Rouzeau** est historien. Dernier ouvrage publié : *La Part d'ombre. Le risque oublié de la guerre* (Les Belles Lettres, 2023). sar@ehess.fr

La guerre de position est avant tout une guerre de siège, et comme toute guerre de siège, elle s'inscrit dans la durée. Mais une guerre de siège *réciproque*, menée en rase campagne sur des centaines de kilomètres de front (1 400 dans le cas du conflit actuel), dont les défenses ne sont pas de hautes murailles mais des positions enfoncées dans le sol, des réseaux de barbelés, et, dès la guerre Iran-Irak, des champs de mines très difficilement franchissables. Autre caractéristique encore : le rôle central de l'infanterie pour défendre les positions fortifiées comme pour attaquer celles de l'adversaire. L'origine de ce type de combat réside dans la nécessité éprouvée par les combattants de se protéger de l'intensité du feu, au départ en creusant de simples trous individuels : ce fut le cas à l'automne 1914, lorsque les armées épuisées arrêtèrent leurs vastes mouvements stratégiques. Mais à dire vrai, c'est pendant la guerre russo-japonaise, plus exactement à Moukden en février-mars 1905, qu'est apparu pour la première fois à grande échelle ce comportement combattant induit par l'intensité nouvelle du feu moderne.

Passé le premier moment de mouvement, les armées en présence ont systématisé cette forme de combat défensif en multipliant les lignes de défense successives et en les reliant entre elles, en creusant des abris profonds contre les bombardements, en organisant les postes de tir, en répandant d'immenses réseaux de barbelés, infranchissables en 1914-1918, remplacés largement par les champs de mines, tout aussi infranchissables, sur le front de Khorramshahr lors des années quatre-vingt, ou sur le front russo-ukrainien depuis 2022.

Dans un tel système d'affrontement – et ce point est décisif –, la défensive l'emporte largement sur l'offensive. C'est ainsi que lors de la Grande Guerre, *toutes* les offensives échouent, allemandes ou alliées : la puissance des positions défensives successives, appuyées par les mitrailleuses et l'artillerie, est telle qu'elle arrête immédiatement ou un peu plus tard l'assaut des divisions adverses, dont la force vive diminue au fur et à mesure de leur avancée, d'autant que leur artillerie ne peut les suivre sur un terrain bouleversé par le canon.

Il faudra l'apport démographique américain, déterminant à partir de l'été 1918, et l'entrée en scène du couple char-avion, pour résoudre cette équation jusqu'ici insoluble. De même, lors de la guerre de la « Défense sacrée », comme les Iraniens ont nommé le conflit avec l'Irak, toutes les grandes offensives dites de « Kerbala » ont constitué des échecs sanglants face aux défenses irakiennes. De même également, la contre-offensive ukrainienne du printemps et de l'été 2023, dans laquelle tant d'espoirs avaient été placés, s'est-elle brisée sur les défenses russes ; mais, inversement, le corps de bataille russe, malgré sa supériorité numérique, son absence de prise en compte des pertes, la puissance de son artillerie, l'efficacité de ses « bombes planantes », son recours croissant aux drones depuis 2024, n'a jamais pu briser un front ukrainien pourtant nettement plus fragile (et même démuni après la longue interruption des livraisons d'armes américaines du début de l'année 2024) : ce n'est qu'au cours des derniers mois que le centre du dispositif défensif ukrainien a commencé à faillir face à une force adverse très supérieure. Dans ce type d'affrontement, les « batailles », au sens traditionnel du terme qui suppose un affrontement relativement bref déterminant un vainqueur et un vaincu, disparaissent pour laisser place à d'interminables et sanglants affrontements, généralement indécis : la guerre de position tend vers une bataille continue.

C'est ainsi qu'en Europe occidentale surtout, nous avons vécu sur la fausse tranquillité de la solidité apparente du front ukrainien, en nous rassurant périodiquement sur la dimension infime des surfaces conquises par les Russes et, à ce rythme, sur le très grand nombre d'années qui leur seraient nécessaires pour achever la conquête territoriale de l'Ukraine. C'était ne rien comprendre à la logique de la guerre de position : en fait, depuis le début de l'année 2025, cette conquête régulière de villages ukrainiens par l'armée russe constituait un signe très inquiétant. L'été 2025 est venu le confirmer.

## La défaite invisible

Ce type de guerre a en commun de nombreuses caractéristiques. Signalons-en trois, très significatives, et lourdes de conséquences à terme.

Ce face-à-face, dans chacune des sociétés belligérantes, d'un front continu étiré sur de très longues distances et pendant de nombreuses années, tend à créer deux « sociétés » de plus en plus coupées l'une de l'autre : celle du front, et celle du « front intérieur », dont la « résilience » est évidemment indispensable à la poursuite d'une guerre industrielle de longue durée, mais dont l'existence même n'est possible que grâce à la protection que lui apportent ceux qui combattent et qui estiment, non sans quelques bonnes raisons, que la charge de la guerre leur incombe de manière trop exclusive. D'où une forme d'incompréhension croissante de ces derniers face à la vie apparemment « normale » de ceux de l'« arrière ». En procède une forme particulière de ressentiment dont les effets, en termes de cohésion sociale et politique, peuvent se révéler dévastateurs. Celui-ci était parfaitement perceptible lors de la Grande Guerre et constituait d'ailleurs un sujet de préoccupation majeur des pouvoirs politiques au sein des différents belligérants ; il s'est exprimé également, quoique discrètement, dans le monde des *bassidjis* iraniens ; plusieurs enquêtes ont montré sa présence dans le monde des combattants ukrainiens, parfois stupéfaits de la normalité de la vie à l'arrière et de l'insouciance *apparente* d'un monde civil qu'eux-mêmes protégeaient, jour après jour. Apparente en effet, car dans la guerre de position, le front et le front intérieur ne sont pas des îles séparées l'une de l'autre : tout au contraire, la communication est intense entre ces deux mondes, et l'insouciance du second n'est qu'une illusion : outre les épreuves que l'on est amené à y endurer, comme le bombardement, on y est travaillé par l'angoisse du sort des proches qui sont au front, et touché aussi par un deuil de masse de plus en plus étendu. Mais le tragique de la vie à l'arrière reste peu visible aux yeux de ceux qui doivent affronter au quotidien la terreur du champ de bataille, le risque de blessures et de mort, la disparition des camarades…

Les formes de prise en charge des blessés constituent un autre point commun. On peut considérer que pendant la Grande Guerre, et même si elle s'est améliorée au fil des années, la chaîne de soins a été mise en échec par l'efficacité décuplée de l'armement moderne et par les pertes massives occasionnées par les grandes phases d'affrontement, qui ont régulièrement débordé les capacités de soins à apporter aux blessés. En 1914-1918, les évacuations de ces derniers se révèlent très difficiles, parfois impossibles lorsque la blessure est intervenue sur le *no man's land.* Il faut brancarder ceux qui ont été frappés jusqu'aux premiers postes de secours, lieu de leur contact initial avec la chaîne de soins. Et, de là, remonter celle-ci jusqu'à l'échelon où seront effectuées les interventions salvatrices. On l'aura compris : une extrême lenteur caractérise l'organisation d'un tel système. D'où des taux de pertes particulièrement élevés (un tué pour trois à quatre blessés), des taux de survie très bas parmi les blessés graves (tête, thorax, abdomen), et un nombre d'amputations très important, lié au délai entre la pose des garrots sur le champ de bataille et le moment où ces derniers pouvaient être enfin retirés en milieu médical.

Curieusement, le conflit russo-ukrainien semble avoir renoué avec ces réalités sanitaires d'il y a plus d'un siècle. Les conditions du combat sur le front ont rendu impossible l'emploi de l'instrument qui, lors de la seconde moitié du XX^e^ siècle, avait fait massivement reculer la mort au combat : l'hélicoptère, permettant une prise en charge extrêmement rapide des blessés sur le champ de bataille (le *dust off* de la guerre du Vietnam) et une intervention chirurgicale dans un délai inférieur à une heure. En Ukraine comme en Russie, l'évacuation des blessés repose à nouveau sur les camarades, puis sur des moyens d'évacuation lents, aléatoires, vulnérables en raison de l'action des drones. Et de nouveau, les prises en charge hospitalières interviennent trop tardivement : l'amputation de masse est redevenue une des conséquences majeures de la guerre, tout comme la proportion entre le nombre de blessés et le nombre de tués qui, autant que l'on puisse en juger car les chiffres dont on dispose sont incomplets et insuffisamment fiables, semble peu éloignée de ceux de 1914-1918.

Une troisième caractéristique des guerres de position est aussi que la défaite y reste longtemps invisible, car tout basculement stratégique ne s'opère que de manière très progressive, à la faveur de l'usure supérieure de l'un des deux belligérants au feu de la bataille continue.

Ainsi de l'Allemagne en 1918. Fin septembre 1918, alors que la situation du Reich est désespérée – ce que sait fort bien l'état-major qui cherche à faire sortir le pays de la guerre – et alors que l'armée allemande est en passe de se dissoudre sur le champ de bataille, la situation stratégique, à distance, paraît loin d'être catastrophique encore. Certes, l'armée allemande recule face à la poussée qu'exerce la contre-offensive alliée ordonnée par Foch début août, elle-même permise par l'immense appui démographique américain. Mais après tout, l'Allemagne n'avait-elle pas remporté à l'Est une victoire majeure contre la Russie, sanctionnée par le traité de Brest-Litovsk de début 1918 ? Ne tenait-elle pas encore toute la Belgique et de vastes portions du territoire français (dont la ville de Lille, notamment) ? En outre, le front allemand ne s'était effondré massivement nulle part : les combattants infligeaient au contraire des pertes très sensibles aux Alliés, qui, en position offensive, éprouvaient à leur détriment les avantages de la défense sur l'attaque. Les chiffres des pertes françaises, qui avaient diminué régulièrement depuis 1915, atteignant même leur point le plus bas en 1917, remontent ainsi nettement lors de la dernière année de la guerre.

Et pourtant, l'échec de l'ultime offensive du *Kaiserschlacht*, en juillet 1918, puis le succès de la contre-offensive commandée par Foch au début du mois suivant avaient signé de manière certaine la défaite allemande. D'un point de vue plus politico-stratégique, on pourrait même soutenir que l'Allemagne avait perdu la guerre dès février 1917, à la faveur de la décision fatale de mener la guerre sous-marine à outrance (qui entraîna l'entrée en guerre des États-Unis), ce que le chancelier Bethmann-Hollweg avait parfaitement compris lorsqu'il s'exclama, après que l'arbitrage eut été remporté par Ludendorff et Hindenburg : « C'est la fin de l'Allemagne ! »

En 1988 également, malgré les sacrifices inouïs consentis par l'Iran dans sa guerre contre l'Irak, Khomeiny accepta un cessez-le-feu sur la base des frontières existantes : l'épuisement iranien, en dernière instance supérieur à celui de l'Irak, avait forcé l'imam à « boire la coupe de poison », selon ses propres mots, que lui avait tendue Saddam Hussein.

Il n'en a pas été différemment avec le conflit russo-ukrainien. Tout semble indiquer en effet que la guerre a été perdue à l'issue de l'échec de la contre-offensive ukrainienne du printemps et de l'été 2023, dans laquelle tant d'espoirs avaient été placés en Ukraine comme en Europe. Face aux défenses russes considérablement renforcées, l'armement occidental, livré trop tard et en trop petites quantités, ne pouvait permettre aux Ukrainiens de percer de manière décisive : comme le rappela alors le général Desportes, ancien directeur de l'École de guerre en France, il eût fallu trente à quarante fois les moyens alors engagés par l'Ukraine pour espérer atteindre le résultat escompté.

Mais la défaite ukrainienne n'a commencé à devenir visible qu'au printemps et, de plus en plus nettement, à l'été 2025 : défaite militaire avec la progression du corps de bataille russe au centre du front ; et défaite diplomatique depuis le sommet d'Anchorage du mois d'août. Cette défaite, longtemps masquée à nos yeux, l'a été d'autant plus efficacement qu'elle s'est heurtée à notre propre déni. Déni d'ailleurs très large et inscrit dans la durée : on songe ici au déni du risque d'attaque russe avant le 24 février 2022, alors même que la guerre, en fait, avait commencé dès 2014 avec la prise de la Crimée et l'insurrection des séparatistes du Donbass, soutenus par la Russie ; au déni du risque de guerre longue ensuite ; au déni du risque de défaite depuis la catastrophique année 2024… Un déni d'ailleurs aisément explicable. Car dans cette guerre de position russo-ukrainienne, la défaite de l'Ukraine se révèle aussi, bien évidemment, la nôtre : celle des Européens – des Européens d'Europe occidentale au tout premier chef.

Ainsi le déficit d'historicité des décideurs européens s'est-il révélé particulièrement flagrant, et de bout en bout. Comprendre la guerre exige de savoir regarder celle-ci en face, et ce type de regard ne peut se passer d'une intense mobilisation de la discipline historique. Car elle seule, dans la profondeur de champ, donne le sens du réel.

# Quelle place pour la « guerre juste » au XXIe siècle ?

## Béatrice Heuser

Toutes les civilisations n'ont pas jugé nécessaire de justifier une guerre. Lors de leurs guerres de conquête au Moyen Âge, les Mongols n'avaient semble-t-il jamais fourni d'explications. Cette absence de justification se retrouvait également chez les Aborigènes d'Australie, les Maoris de Nouvelle-Zélande, ainsi que dans les sociétés de la Méso-Amérique précolombienne (1). Lorsque l'Empire ottoman lança sa dernière campagne contre Vienne, aucun manifeste n'avait été rédigé pour en expliquer la raison (2). Pour les Turcs, la guerre contre les Infidèles était évidente : il ne pouvait y avoir de paix entre le monde musulman et le reste du monde, considéré comme celui de la guerre, le *dar al-harb* (3).

**Béatrice Heuser** est historienne, professeur distingué au Brussels School of Governance, VUB.
Elle est l'auteur de *War. A Genealogy of Western Ideas and Practices* (Oxford University Press, 2022).
beatrice.heuser@vub.be

La Chine, en revanche, a développé sa propre théorie de la guerre juste (4), mais celle-ci est distincte de la tradition euro-méditerranéenne qui a influencé le droit international, et remonte à l'Antiquité. Les Grecs avaient déjà limité le recours à la guerre, et d'autres civilisations comme les Égyptiens, les Hébreux et surtout les Romains avaient posé les bases des conditions d'une guerre juste. Le philosophe Cicéron (5) en fait un résumé détaillé dans ses écrits.

L'une des plus anciennes de ces conditions stipule qu'une guerre est justifiable si elle est ordonnée par une autorité légitime. Il pouvait s'agir de Yahvé pour les Hébreux, du pharaon pour les Égyptiens, d'un groupe de prêtres puis de l'empereur à Rome et en Europe de l'Ouest, à partir du Moyen Âge, du pape ou d'un souverain. De nos jours, on pourrait considérer que l'autorité légitime est incarnée par le Conseil de sécurité de l'ONU, sauf à s'affranchir de la Charte de l'institution internationale.

Le pacte Briand-Kellogg signé en 1928, qui condamnait le recours à la guerre pour résoudre des différends internationaux, a théoriquement mis fin aux conflits interétatiques, en déclarant toute agression injuste, hormis en situation de légitime défense. L'unique exception concerne une intervention militaire entérinée par le Conseil de sécurité des Nations unies dans un contexte où le « maintien de la paix » est « menacé » (6), par exemple en cas de guerre civile ou de persécution violente des populations par un gouvernement. Le feu vert du Conseil de sécurité à une telle intervention, assimilée à une guerre juste, est cependant conditionné à l'aval unanime de ses cinq membres permanents (France, Royaume-Uni, États-Unis, Chine et Russie), disposant chacun d'un droit de veto. Jamais l'instance suprême de l'ONU ne passera outre le veto d'un de ses cinq piliers.

Depuis l'Antiquité, la défense du territoire est considérée comme un droit naturel et juste. Mais quand il s'agit de défendre un allié ou un autre pays, la question devient plus complexe. La philosophie de Cicéron (7) considère qu'il est immoral de rester inactif lorsqu'un pays est agressé. Intervenir dans un conflit pour défendre un allié peut néanmoins être assimilé à un prétexte pour poursuivre des ambitions propres. C'est d'ailleurs ce mécanisme que nous observons dans le conflit entre la Russie et l'Ukraine, présenté par Vladimir Poutine comme une réaction à une menace posée par l'Ukraine et l'Otan (8).

D'autres critères de la guerre juste concernent ses mobiles. Seule l'ambition de rétablir la paix ou de corriger une injustice peut justifier une guerre. La paix doit être l'objectif, non la création d'un chaos où un petit groupe tirerait parti de la situation, comme le disaient déjà Platon, Aristote, Cicéron et Augustin d'Hippone (9). Aujourd'hui, la Russie et l'Ouest s'accusent mutuellement de vouloir précipiter le monde dans l'abîme afin d'avoir les coudées franches pour intervenir et dominer des régions volatiles, propices aux crises.

Ce qui empêche une résolution du conflit entre l'Ukraine et la Russie est, au-delà du refus du *statu quo* de la part de Kiev sur l'occupation de la Crimée et de l'est du pays par la Russie, la signification même de ce *statu quo* : le piétinement du principe d'inviolabilité des frontières, sacralisée par de multiples conventions et traités internationaux depuis la Charte des Nations unies. Cela marquerait la fin de l'ordre mondial de 1945.

## Critères disputés

Venons-en à la notion de vengeance, rarement considérée comme juste dans la tradition gréco-romano-chrétienne. Les héritages hébreu et musulman sont, quant à eux, plus complexes. Yahvé et Allah demandaient à leurs fidèles de prendre en main leur vengeance (10). Les chrétiens, influencés à la fois par la religion juive et des enseignements plus pacifiques, avaient quant à eux la possibilité de choisir une approche différente. Ils se sont souvent appuyés sur la Bible hébraïque lorsqu'ils ont dû défendre leurs territoires face aux invasions musulmanes au VIIe siècle (11). Bien que les sources historiques soient limitées, il est difficile de déterminer quelle religion monothéiste a causé le plus de victimes lors de ces guerres conduites au nom de la vengeance divine. Il n'y avait pas d'État hébreu pendant près de deux millénaires, et ainsi pas de tradition hébraïque de faire la guerre entre l'Antiquité et le XXe siècle. En revanche, les deux autres religions monothéistes, représentées par de nombreux États, ont bien souvent avancé des arguments pour faire la guerre (12).

Platon considérait la punition comme une fin légitime en temps de guerre, notamment lors des conflits entre Grecs. Pour lui, l'objectif était de donner une leçon aux *polities* (entités politiques, cités, États…) qui ne respectaient pas les normes traditionnelles (13). Cette idée a été soutenue par Augustin d'Hippone, Isidore de Séville, Francisco de Vitoria et Hugo Grotius. Ce dernier souligna que l'on ne devait pas punir les ennemis vaincus par simple plaisir, mais uniquement pour en dissuader d'autres de mener des guerres injustes.

Depuis le Moyen Âge, de nombreux théologiens et juristes chrétiens se sont opposés à l'idée de la guerre comme moyen de punition, surtout lorsque les sujets d'un souverain ne pouvaient être tenus responsables des guerres de ce dernier. Emmanuel Kant rejetait lui aussi le *bellum punitivum*, et plusieurs philosophes et juristes du XXe siècle ont suivi son raisonnement (14). Le Protocole additionnel à la Convention de Genève interdit formellement les représailles contre les prisonniers de guerre, les civils, leurs biens, ainsi que l'environnement naturel (15). Pourtant, la violence et la cruauté observées dans les guerres contemporaines illustrent tristement le fossé entre la théorie et la réalité.

Dans la tradition occidentale, d'autres critères s'appliquaient à la reconnaissance d'une guerre juste. Même lorsqu'il s'agissait de réparer une injustice, il fallait d'abord épuiser tous les moyens non violents avant d'envisager le recours à la guerre. Déjà, dans la Rome républicaine, il était nécessaire de suivre un rituel, avant d'engager des hostilités, qui consistait à présenter ses plaintes à l'adversaire, lui offrant ainsi la possibilité de se racheter. On ne pouvait aller à la guerre que si l'ennemi refusait de réparer les torts que les Romains prétendaient avoir subis de sa part. C'est de cette pratique que découle l'*ultimatum*, utilisé très souvent à la place d'une déclaration de guerre (commencer une guerre étant illégitime sous la Charte de l'ONU, comme nous l'avons noté) depuis 1945 pour donner à l'adversaire le choix entre un règlement pacifique et la guerre.

Un exemple récent est l'*ultimatum* lancé par la Russie le 17 décembre 2021 aux États-Unis et à l'Otan. La Russie a proposé des projets de traités garantissant sa sécurité, exigeant la fin de l'expansion de l'Otan et la cessation de toute activité militaire en Europe de l'Est, dans le Caucase du Sud et en Asie centrale. Ces propositions stipulaient également que les États-Unis ne créeraient pas de bases militaires dans les pays anciennement membres de l'Union soviétique et non intégrés à l'Otan, et qu'ils ne développeraient pas de coopération militaire avec eux (16). La fin de non-recevoir de l'Otan a, semble-t-il, convaincu Vladimir Poutine de satisfaire ses *desiderata* par la force, en envahissant l'Ukraine.

Une autre condition pour qu'une guerre soit juste est l'espoir raisonnable de victoire (17). En d'autres termes, une guerre, dans la tradition catholique, ne peut être légitimée que si elle a de réelles chances d'être gagnée et de déboucher sur une situation meilleure que celle d'avant.

Enfin, il existe un critère de modération et de proportionnalité, présent aussi bien dans la pensée grecque antique que dans la tradition chrétienne. Il concerne non seulement la légitimité de la guerre, mais aussi la manière dont elle est menée, dans le cadre du *jus in bello* (le droit applicable en temps de guerre). Bien qu'il soit théoriquement central, il est souvent négligé dans la pratique, comme l'illustrent de manière effroyable les guerres actuelles.

Il convient en outre d'insister sur un débat philosophique important : une guerre d'agression injuste jette le discrédit sur tous ses soldats. Devrait-on les assimiler sans distinction à des criminels de guerre, comme disent certains philosophes et juristes ? Toutefois, cela n'exclut pas que les soldats d'un camp agressé puissent également commettre des crimes de guerre, c'est-à-dire des violations du droit humanitaire international. D'autres philosophes et juristes proposent quant à eux de considérer séparément le droit de recourir à la guerre (le *jus ad bellum*) et le comportement des soldats sur le terrain (est-ce qu'il est conforme au *jus in bello* ?), en les punissant uniquement s'ils ont commis des crimes pendant la guerre (cibles civiles, meurtres de prisonniers…). Cette approche a l'avantage d'inciter les militaires à bien se comporter, ce qui pourrait avoir des effets positifs sur la conduite de la guerre (18).

Au XXIe siècle, le concept de guerre juste reste donc pertinent, bien qu'il soit souvent ignoré ou mal appliqué.

1. Pour des attitudes différentes, voir Isabelle Duyvesteyn et Béatrice Heuser (dir.), *The Cambridge History of Strategy*, Cambridge University Press, 2025.
2. Béatrice Heuser, « Vienne 1683 », *in* Isabelle Davion et Béatrice Heuser (dir.), *Batailles. Histoire de grands mythes nationaux*, Belin, 2020.
3. Al-Mawardi, *Al-Ahkam as-Sultaniyya w'al-Wilayat al-Diniyya*, traduit par Wafaa H. Wahba, *The Ordinances of Government*, Garnet Publishing, 1996 ; Mesut Uyar, « Ottoman Strategy », *in* Isabelle Duyvesteyn et Béatrice Heuser (dir.), *The Cambridge History of Strategy*, chapitre XVIII, *op. cit.*
4. Mark E. Lewis, « The Just War in Early China », *in* Torkel Brekke (dir.), *The Ethics of War in Asian Civilizations*, Routledge, 2006, p. 203-218.
5. Cicéron, *De officiis*, I.xi.35.
6. Charte des Nations unies, chapitre VI.
7. Cicéron, *De officiis*, I.23.
8. « Address by the President of the Russian Federation » (discours du président de la Fédération de Russie), 24 février 2022 : http://en.kremlin.ru/events/president/news/67843.
9. Béatrice Heuser, *War. A Genealogy of Western Ideas and Practices*, Oxford University Press, 2022, p. 164.
10. Par exemple, dans la Bible, Nombres 31, 1-20, dans le Coran, Sourate 2, 190-193.
11. Pour le débat sur ce sujet, voir Yannis Stouraitis : « State War Ethic and Popular Views on Warfare », *in A Companion to the Byzantine Culture of War, ca. 300-1204*, Brill, 2018, p. 60-90.
12. Actuellement, on a l'impression que l'État hébreu tente un peu de rattraper son retard.
13. Platon, *La République*, V. 471a.
14. Béatrice Heuser, *War. A Genealogy of Western Ideas and Practices*, *op. cit.*, p. 169-173.
15. Convention de Genève, « Additional Protocol I », art. 20, et 51-57.
16. « Agreement on measures to ensure the security of the Russian Federation and member States of the North Atlantic Treaty Organization », site du ministère des Affaires étrangères de la Fédération de Russie, 17 décembre 2021 (https://mid.ru/ru/foreign_policy/rso/nato/1790803/, site consulté le 20 juillet 2025).
17. Voir par exemple « The American Catholic Bishops' Conference : "The Challenge of Peace : God's Promise and Our Response" » (1983), imprimé *in* Gregory M. Reichberg, Henrik Syse et Endre Begby (dir.), *The Ethics of War : Classic and Contemporary Readings*, Blackwell, 2006, p. 270-675.
18. Béatrice Heuser, *War. A Genealogy of Western Ideas and Practices*, *op. cit.*, p. 194-199.

# La guerre des mots

## Catherine Van Offelen

Comment en est-on arrivé à faire du mot le plus antique, le plus grave et le plus effroyable de l'aventure humaine un vocable accommodé à toutes les sauces ? Comment le mot « guerre », qui devrait sortir de nos lèvres avec solennité, est-il devenu une expression du discours commun ? Songeons que ce terme redoutable sert aujourd'hui à désigner la lutte commerciale des supermarchés, des producteurs de salade verte ou des starlettes de Hollywood. Pas un journal, pas un magazine ni une chronique sans le gros titre : « la guerre des prix » ou « la guerre des logiciels ».

Ce terme a connu une faveur préoccupante lors des mandats d'Emmanuel Macron. Comme on le sait depuis Freud, l'usage inconsidéré d'un mot cache au mieux une arrière-pensée, au pire un désir refoulé. « Nous sommes en guerre », avait martelé le chef de l'État dans son discours du 16 mars 2020. Le coronavirus était un « ennemi », les soignants en « première ligne »,

**Catherine Van Offelen** est spécialiste des questions de sécurité et chroniqueuse littéraire. Dernier ouvrage publié : *Risquer la prudence. Une pratique de la sagesse antique* (Gallimard, 2025).
c.vanoffelen@gmail.com

les Français « mobilisés ». Que de fanfares ! En septembre 2022, le président a récidivé lors d'une conférence de presse consacrée à la situation énergétique : « Nous sommes en guerre. »

Et à présent que la Russie menace l'Europe et que les États-Unis sortent du jeu, quel mot va-t-il trouver pour décrire les secousses géopolitiques ? Et si par malheur les BTR-80 de l'armée russe se mettent à gronder en Pologne, quel mot ? Le propre de la langue n'est-il pas de disposer devant le discoureur une panoplie variée qui lui permette la gradation de sa pensée ? La langue française serait-elle si pauvre qu'il faille toujours user du même vocable retentissant pour décrire des situations disparates ? C'est le *per gradus debitos* (par étapes intermédiaires) auquel Jankélévitch nous invite qui distingue le charlatan du vrai penseur.

La manie sémantique du président s'inscrit dans une tendance générale. Face aux annonces de crises nouvelles, le recours à l'imaginaire de la guerre est de plus en plus fréquent. Guerre commerciale, économie de guerre, effort de guerre, mais aussi guerre « au cancer », « aux nids-de-poule », « aux punaises de lit », « à la voiture »... Lors des vœux de 2024, le chef de l'État a clamé vouloir tout « réarmer » : tant l'économie que l'école, l'industrie, les services publics et la Nation. Il a même évoqué un sujet aussi étranger aux champs de bataille que la maternité. Face à la baisse de la natalité, il a appelé au « réarmement démographique ». Partout, la guerre est proclamée par celui qui ne la fit jamais, ne la vit jamais et (pour notre bonheur) jamais ne s'y entraîna.

Bien entendu, le mot « guerre » pour désigner la lutte contre des fléaux a toujours été métaphorique. Les mots sont des êtres polysémiques. Sans leur ambiguïté d'emploi il n'y aurait pas de littérature. Dans *Guerre aux démolisseurs*, Victor Hugo s'insurge contre « la démolition successive et incessante de tous les monuments de l'ancienne France » qui fait rage depuis la révolution de juillet 1830. Il s'agit là de guerres en temps de paix, où le verbe est l'arme de choix. La vraie guerre a lieu aujourd'hui en Ukraine, où des gens meurent sous les balles. Elle provoque des milliers de morts à Gaza, au Soudan ou au Sahel.

Mais cette militarisation des discours politiques interpelle. De quoi est-elle le signe ? Tout se passe comme si cette rhétorique guerrière, en cherchant à affirmer la puissance de l'État, ne parvenait qu'à mieux en révéler l'impuissance.

## Le passé d'une métaphore

L'utilisation de la métaphore guerrière n'est pas une invention de la modernité. Dès l'Antiquité, le thème de la bataille a servi de figure pour désigner les épreuves de l'existence, avec ses défaites ou ses victoires. Un exemple est l'amour. Les poètes ont abondamment usé d'images martiales pour le décrire. Cupidon est un archer qui décoche des flèches mortelles. La femme se rend à l'homme qui veut la conquérir parce qu'il est le meilleur guerrier. Et tout l'enjeu de la guerre de Troie n'est-il pas la possession d'une femme ? Dans *L'Art d'aimer*, Ovide poursuit longuement le parallèle entre l'amoureux et le soldat : l'amour est une *militia* qui réclame mêmement stratégie, effort et endurance.

La métaphore est un tour de magie. Elle donne du relief au style et confère au langage sa beauté. Mais elle sert également à clarifier la pensée en créant un effet d'analogie entre le comparé et le comparant. Dans *La Métaphore vive*, Paul Ricœur soutient qu'elle est un acte créateur de sens : la tension sémantique créée par le rapprochement entre deux termes *a priori* incompatibles (« La nuit est un manteau ») permet d'ouvrir un monde, une nouvelle façon de percevoir la réalité (1). Cette puissance évocatoire fait de cette figure de style une arme redoutable de persuasion.

Voilà pourquoi nous y recourons naturellement. Selon le linguiste Jean Pruvost, il existe de grands domaines : nous puisons généralement nos métaphores dans le monde de la navigation, la chasse, la végétation ou les saisons, le corps humain, le sport, la religion et enfin, la guerre (2). Ces métaphores conventionnelles sont efficaces car leur expérience est partagée par une large couche de l'humanité. Or, quoi de plus universel historiquement que la guerre ?

La guerre constitue donc un domaine-source très efficace, bien qu'elle soit sortie de l'horizon d'expérience pour la plupart des gens en Occident. Elle n'est plus qu'une réalité lointaine, connue seulement à travers le cinéma ou les livres. Emmanuel Macron est d'ailleurs le premier président français à n'avoir jamais fait son service militaire. On essaye de réactiver la mythologie de la guerre dans une société qui a oublié la guerre.

C'est précisément en raison de cette disparition de l'expérience réelle que le mot est ramené à sa dimension « mythique », doté d'une puissance incantatoire (3). Cette incantation a deux fonctions. D'abord, ressouder une communauté fragilisée autour d'un récit mobilisateur. Ensuite, restaurer l'autorité défaillante du chef de l'État.

Or, si l'on admet avec Freud qu'une compulsion de répétition trahit un manque, le recours au narratif de la guerre dans le discours politique contemporain révèle, en creux, une crise du récit et une crise de l'autorité.

## La crise dans le récit

Nous vivons dans ce que le philosophe Byung-Chul Han appelle une « époque postnarrative » (4). Au cœur du *storytelling* bruyant règne un vide narratif. Les métarécits, comme la religion chrétienne, ont perdu leur force originelle. Or le récit confère à la vie une assise, du sens, une orientation. Comment refonder cette concorde perdue ?

La métaphore guerrière semble posséder cette portée politique : créer une unité nationale. En matière de capacité de mobilisation, on trouve difficilement meilleure thématique. Les Ukrainiens font nation en luttant contre la Russie, une unité qui n'était pas aussi manifeste avant le conflit. La métaphore guerrière vise pareillement à forger ce type d'union sacrée. En dramatisant les enjeux à l'excès, le président les fait passer à un niveau grandiose, de l'ordre du récit épique. La nation passe du trivial à la grandeur.

À l'heure où nul autre récit positif commun n'est en mesure de tisser le lien politique, invoquer la guerre apparaît comme une ultime tentative de recréer un sentiment d'appartenance.

Le registre guerrier est aussi le seul suffisamment puissant pour légitimer des sacrifices aux électeurs. Pendant la pandémie, des soignants qui tombaient sur le « champ de bataille » se virent décerner la Légion d'honneur.

Sauf qu'en l'occurrence, le récit ne tient pas. On sait depuis le théoricien prussien Clausewitz que « la guerre est un caméléon ». Elle peut changer de forme, d'acteurs, d'intensité. Sa nature, en revanche, reste la même. Pour parler de guerre, il faut un ennemi, c'est-à-dire une entité structurée, intelligente et incarnée, comme pouvait l'être l'Allemagne nazie ou l'URSS. On ne signe pas la paix avec un virus. De même, « la guerre contre le terrorisme » est une expression abusive, si l'on considère que l'on ne livre pas une guerre contre une technique ni un phénomène social.

L'image du réarmement confère aussi un caractère artificiellement dramatique à des déclarations qui finissent par sonner creux. Que signifie « réarmer l'école » ? Contre quel ennemi faudrait-il « réarmer les services publics » ? Le préfixe « re » et le radical « armement » indiquent la même chose. Ils sous-entendent que l'État souffre d'une forme d'affaiblissement. Il faudrait doublement restaurer une puissance nationale perdue.

## La crise dans l'autorité

Au XX$^{e}$ siècle, Hannah Arendt observe qu'une crise de l'autorité a accompagné le développement du monde moderne (5). Le politique a vu son crédit s'effondrer dans l'opinion. Or, le discours martial fait écho aux idées d'ordre, de force, de détermination. Il permet au politique de reprendre l'ascendant à travers une revirilisation du pouvoir. Dire « Nous sommes en guerre » est un moyen de revenir sur le devant de la scène et de déclarer : « Le chef, c'est moi ! »

Dans une société démocratique où l'on n'exerce plus vraiment la fonction guerrière, on tente de l'exercer symboliquement. La référence constante au général de Gaulle relève de ce principe. L'homme du 18 Juin a réellement vécu la guerre. Le citer, c'est tenter de s'approprier cette légitimité-là.

Cela montre que la figure « idéale » du président régalien reste celle du guerrier. Le chef de guerre représente, dans l'imaginaire occidental, la figure suprême du politique. D'ailleurs, les présidents ne gagnent-ils pas en popularité en endossant le costume de guerre, comme François Hollande au Mali en 2013 ? L'« effet drapeau » renforce les dirigeants en crise.

Employer un lexique militaire constitue dès lors un moyen de refonder l'autorité du pouvoir et sa force régalienne. Pour un président qui a envie de marquer l'histoire, cette communication en donne l'illusion. En temps de paix, toutefois, cette rhétorique ne fait que souligner la faiblesse de l'autorité républicaine.

## Une pente dangereuse

La métaphore peut tendre des pièges. Utilisez trop cette figure et vous en annulerez la portée. « Le premier qui compara la femme à une rose était un poète, le second, un imbécile », note Gérard de Nerval.

En outre, la métaphore guerrière peut être une stratégie qui exonère le pouvoir de ses responsabilités propres. Avec « la guerre », le problème vient d'ailleurs. Or, même désigné comme ennemi, le Covid-19 ne correspondait pas à une quelconque attaque d'un étranger malveillant : le risque de pandémie était prédit de longue date par les scientifiques, tandis que les hôpitaux alertaient depuis des années sur les défaillances du système. Il y a donc une part de mauvaise foi dans cette métaphore. En désignant un adversaire extérieur, le président déjoue habilement les oppositions et éclipse les failles internes.

Le fait de pointer un champ de bataille quelque part permet aussi de mettre une société au garde-à-vous. Aucune autre revendication ne sera recevable. Les mots deviennent alors un stratagème politique. Celui-ci autorise le recours à des mesures extraordinaires – la dépense de l'argent des contribuables, l'augmentation des pouvoirs de la police, de l'armée et des services de renseignement – sans contradiction possible.

Mais l'emploi hégémonique du vocable « guerre » contribue à le vider de son sens, à désensibiliser l'opinion publique et à en banaliser la présence. En utilisant cette rhétorique belliqueuse avec trop de légèreté, le président nous accoutume à l'idée de la guerre. Jusqu'à la rendre plausible, voire inévitable ?

Entre une réponse trop désinvolte (« La vie continue ») et la déclaration de guerre à tout bout de champ, il y a une gamme de réponses possibles. « Parler c'est agir », croyait Jean-Paul Sartre. Or, non seulement la parole n'est pas performative, mais parler à mauvais escient se révèle contre-productif. À trop crier au loup, on finit par désubstantialiser son propos. Et quand le loup survient, personne ne vient. À trop crier à l'imminence de la guerre, ne prend-on pas le risque de ne plus mobiliser les cœurs et les esprits lorsque par malheur elle s'éveillerait ? Le poison de la parole est son hyperbole.

1. Voir Paul Ricœur, *La Métaphore vive*, Seuil, 1975.
2. Jean Pruvost, *Les Secrets des mots*, La Librairie Vuibert, 2019.
3. David A. Bell, « "La guerre au virus", le passé d'une métaphore », *Le Grand Continent*, 7 avril 2020.
4. Byung-Chul Han, *La Crise dans le récit*, PUF, 2025, p. 10.
5. Hannah Arendt, *La Crise de la culture*, Gallimard, 1972, p. 121.

# Dans le viseur du photographe

James Hill

L'occasion de couvrir ma première guerre s'est présentée autour d'un verre, par une fraîche soirée d'hiver, dans un bar de Kiev, au début du mois de février 1992. Askold Krushelnycky, un corpulent journaliste à lunettes et à la voix douce qui travaillait pour *The European*, journal aujourd'hui disparu, m'a proposé de l'accompagner pour photographier le conflit qui faisait rage dans le Haut-Karabagh. Il m'a ensuite offert un autre verre, peut-être pour me convaincre ! En réponse à ma question sur le danger d'une telle expédition, il a haussé un sourcil de surprise et tiré sur sa cigarette : pendant tout le temps où il avait travaillé en Afghanistan, m'a-t-il déclaré, il n'avait jamais eu la moindre égratignure. Une semaine plus tard, j'étais dans un avion pour Erevan.

Plus de trente ans ont passé depuis cette conversation et je trouve encore ma décision extraordinaire. J'ignorais tout ce qu'elle impliquait. Je n'avais commencé à travailler comme photographe professionnel que cinq mois auparavant en République socialiste soviétique d'Ukraine – son appellation d'alors. Je n'étais absolument pas préparé, ni techniquement ni émotionnellement, à ce que j'allais voir.

**James Hill** est photojournaliste pour le *New York Times*. Il a notamment remporté le prix Pulitzer, le World Press Photo et le Visa d'Or.
www.mjrhill.com

Arrivés en Arménie, nous avons pris un hélicoptère pour nous rendre dans le Haut-Karabagh. Nous allions passer une semaine avec un groupe de soldats irréguliers, un mélange hétéroclite d'hommes davantage animés par leur ferveur nationaliste que par leur expérience. Le premier jour, nous les avons accompagnés jusqu'à leurs positions avancées d'où ils ont bombardé avec désinvolture une tranchée azérie située à un demi-kilomètre ; une mitrailleuse lourde s'est mise à riposter et à nous immobiliser pendant plusieurs heures. Deux jours plus tard, nous étions à Stepanakert, la capitale régionale, sur laquelle des bombardements pleuvaient depuis les positions d'artillerie azéries situées dans les collines. Je me souviens particulièrement de deux choses : d'abord, le sifflement aigu des éclats d'obus qui fendaient l'air tandis que je descendais la rue principale en longeant les devantures des magasins, puis mon arrivée à l'hôpital de la ville où un flot continu de blessés était évacué des voitures. Du sang se répandait partout sur les sièges des véhicules tandis qu'Askold, tel un voiturier d'hôtel londonien, ouvrait les portières. À peine avais-je osé pénétrer dans l'hôpital qu'il fut touché par un obus. Alors que je me précipitais vers un coin de la pièce, un autre obus frappa directement le bâtiment et les murs tremblèrent sans s'effondrer. Nous sommes finalement revenus à la base des troupes irrégulières. Tôt le lendemain matin, à mon réveil, j'ai trouvé les hommes en train d'exécuter sans vergogne un soldat azéri, accusé d'avoir torturé des prisonniers arméniens.

J'avais la sensation de sombrer, d'être perdu, d'être incapable de distinguer le bien du mal, d'être incapable de comprendre ce que je faisais et plus encore, ce que je cherchais lorsque je levais mon appareil photo. À mon départ de Kiev par ce froid matin d'hiver, personne ne m'avait expliqué ce que je pouvais faire ou ne pas faire, à quelle distance du visage d'une mère en deuil je pouvais placer mon objectif, ni comment digérer les images brutales qui passaient sans filtre à travers mon appareil. J'avais découvert, de manière douloureuse, le monde déroutant de la photographie de guerre pour laquelle je n'étais pas particulièrement doué : lorsque les diapositives furent développées à Londres, les éditeurs trouvèrent très peu d'images exploitables, alors que je croyais avoir capturé des scènes extraordinaires. J'étais non pas découragé par cette expérience mais déçu d'avoir échoué à cette première épreuve du feu. Cet échec n'a fait que renforcer mon désir de mieux faire en tant que « touriste spécialisé, également connu sous le nom de journaliste », selon la formule condescendante de Susan Sontag (1), et de retourner dans une autre zone de conflit.

Chercher à montrer des images d'émotions extrêmes a troublé la perspective des photographes dès le début. Le Britannique Roger Fenton, généralement considéré comme le premier à avoir documenté la guerre, s'est embarqué en 1855 pour couvrir la campagne de Crimée, muni de lettres du prince Albert, époux de la reine Victoria, d'un assistant et d'une camionnette de marchand de vin transformée en chambre noire. Il n'avait aucune intention de photographier des cadavres, pas même ceux des Russes. Il est revenu avec 360 photographies d'officiers au repos, de navires amarrés dans le port et d'autres moments tranquilles illustrant la maîtrise des militaires de la Couronne.

On se souvient néanmoins surtout de lui pour une supercherie. Découvrant les vestiges d'une bataille sur une route près de Sébastopol, il prit deux photographies. La première image montre des boulets de canon sur le bord de la route. Sur la seconde, il a supervisé la dispersion des boulets sur la route elle-même afin de rendre l'image plus percutante – Susan Sontag l'évoque dans son analyse de la photographie de guerre, *Devant la douleur des autres* (2). C'est ainsi qu'a commencé l'histoire de la manipulation dans la photographie de guerre.

## Manipulation

Une décennie plus tard environ, les photographes de la guerre civile américaine prirent également la liberté de déplacer les cadavres confédérés afin de créer des images plus esthétiquement explicites de l'ennemi vaincu. C'est le cas d'une des photographies les plus célèbres du champ de bataille de Gettysburg, *Home of a Rebel Sharpshooter* : Alexander Gardner, avec l'aide de son partenaire Timothy O'Sullivan, a habilement placé un soldat mort à côté d'une ligne de défense rocheuse, appuyant un fusil contre un mur pour la touche finale.

D'autres photographes ont été plus honnêtes pour capturer la réalité dramatique de la guerre. L'Australien Frank Hurley, fraîchement arrivé sur les champs de bataille européens de la Première Guerre mondiale après avoir suivi Ernest Shackleton dans son épopée antarctique, trouva la tâche presque impossible. Dans un texte écrit en 1919, il déplore « les difficultés insurmontables de représenter une bataille moderne à l'aide d'un appareil photo » (3). Il parvient à créer des images éloquentes uniquement en combinant plusieurs clichés pour former ce qu'il appelle des « images photographiques impressionnantes ». Son collègue l'Australien Charles Bean, reporter de guerre officiel, fut horrifié et qualifia ces images de « faux »: les photographies devaient être pour lui des « archives sacrées » permettant aux « générations futures de voir à jamais la vérité pure et simple ».

La vérité se révèle tronquée dans certaines des images du panthéon de la photographie de guerre. De nombreux observateurs remettent aujourd'hui en question la photographie iconique prise par Robert Capa en 1936 pendant la guerre civile espagnole, connue sous le nom de *Mort d'un soldat républicain*. Elle représente un milicien au moment où il est abattu par un tireur ennemi; des recherches récentes démontrent cependant que le lieu où la photo a été prise est loin de la ligne de front. Lors de sa publication dans le magazine *Life*, les rédacteurs l'ont fièrement décrite comme « la plus grande photographie de guerre de tous les temps ». Aujourd'hui, c'est une photographie emblématique dont nous ne savons que penser. Le travail de Capa, en particulier lors du débarquement le 6 juin 1944, a laissé des images gravées dans notre mémoire collective. Capa lui-même est une figure incontournable de notre rapport à la photographie de guerre. Le prix le plus prestigieux pour les images de conflit s'intitule la « Médaille d'or Robert Capa ». La déclaration du maître « Si vos photos ne sont pas assez bonnes, c'est que vous n'êtes pas assez près » plane comme un mantra sur toutes les générations de photographes qui ont suivi. Cette année, la communauté des photojournalistes a été profondément divisée par une autre controverse, concernant l'image emblématique *Napalm Girl*. À Trảng Bàng, au Vietnam, en 1972, une fillette nue court après avoir été brûlée au napalm, le visage grimaçant de douleur. Cette image obsédante est attribuée à Nick Ut, de l'Associated Press; or, cette paternité est aujourd'hui remise en question. Un récent documentaire affirme que le chiché a été pris par un autre photographe vietnamien, sans qu'aucune des deux parties ait réussi à prouver de manière définitive le bien-fondé de sa thèse.

La question de l'authenticité reste au cœur du sujet de la photographie de guerre. Lors de l'ouverture à Perpignan le 30 août dernier de Visa pour l'image, le Festival international du photojournalisme, le fondateur, Jean-François Leroy, a cité le photographe américain W. Eugene Smith, célèbre pour ses clichés de la bataille du Pacifique pendant la Seconde Guerre mondiale et des ravages causés par l'empoisonnement au mercure au Japon: « "Objectivité", voici le premier mot que nous devrions bannir de notre folklore journalistique. Il faudrait tendre, et ce ne serait déjà pas si mal, à l'honnêteté. » Chaque photojournaliste suit sa propre boussole morale. J'ai rencontré toutes sortes de reporters dans les régions en guerre: ceux qui vous poussent dans le dos s'ils pensent que vous êtes mieux placé qu'eux et ceux qui font preuve d'une sensibilité et d'un respect extrêmes. Ce débat éthique propre à chaque photographe est rarement formalisé. Il peut s'agir d'un sentiment de culpabilité lancinant lorsque l'on arrive à des funérailles sans y être invité, ou d'une réaction de colère à la mort d'un civil innocent. C'est une tension constante, toujours présente, qui se joue dans la tête de chacun.

Ces questions ne préoccupent peut-être pas tous les photographes de guerre de la même manière. Certains continuent de mener ce combat intérieur longtemps après avoir quitté le terrain. Le légendaire photographe de guerre britannique Don McCullin, à près de 90 ans, peine à masquer ses cicatrices derrière une attitude toujours vigoureuse et rude. Si sa présence constante dans les zones de conflit à travers le monde lui a permis de produire des images extrêmement fortes, il reste clairement hanté par l'apparente futilité de cet effort et le rôle souvent inconfortable qu'il a joué en tant que photojournaliste. Quand je l'ai rencontré au début de l'année, il m'a raconté un moment de la guerre civile au Biafra où il est entré dans un camp d'enfants affamés. « Leurs yeux, m'a-t-il dit, me demandaient ce que je pouvais leur donner. Tout ce que j'ai pu faire, c'est prendre quelques photos de leur misère. » Aujourd'hui, il passe le plus clair de son temps à photographier des paysages autour de sa maison du Somerset, avec un ciel très sombre, brûlé par l'agrandisseur de sa chambre noire. Je suis allé dans le Somerset, le ciel ne ressemble pas à ça. Ces tirages me rappellent davantage la photographie de Christine Spengler sur le bombardement de Phnom Penh en 1975 que la campagne vallonnée anglaise…

La distance physique et émotionnelle par rapport au sujet est, bien sûr, le plus grand défi pour tout photographe. La position élastique et indéfinissable d'observateur à la fois distant et intime m'a toujours frappé : c'est une construction artificielle, un mécanisme de défense érigé par les photographes pour préserver leur santé mentale. Il est illusoire de s'imaginer sortir indemne. Ce sont ces moments où cette fausse barrière est tombée qui résonnent le plus profondément dans ma propre mémoire. En 1993, dans les montagnes du Caucase, avec deux autres reporters et un assistant de presse du président de Géorgie Edouard Chevardnadze, je marchais avec des réfugiés géorgiens qui avaient fui Soukhoumi, la capitale de l'Abkhazie, tombée aux mains des forces séparatistes abkhazes. Le deuxième jour, alors que nous progressions péniblement vers le col à 3 000 mètres d'altitude menant en Géorgie, nous avons rencontré un vieil homme ventru assis sur un énorme pot de fruits au sirop. Sa famille, incapable de le porter plus loin sur la pente raide, l'avait abandonné dans la montagne. Lorsqu'il a vu quatre jeunes hommes forts, il nous a demandé de l'aide. Déjà épuisés par le froid et le manque de sommeil, et sans autre équipement que nos appareils photo, nous n'aurions pu le porter que sur quelques mètres ; nous avons alors continué notre chemin à contrecœur. Je sens encore aujourd'hui son regard triste posé sur moi. Dix ans plus tard, en 2004, alors que je photographiais plus d'une centaine d'enfants qui remplissaient la morgue de Beslan, dans le sud de la Russie, après la bataille qui avait opposé des terroristes tchétchènes et les forces spéciales russes dans une école locale, j'ai dû poser mon appareil après seulement quelques clichés. Je ne pouvais me détacher de la douleur des parents qui cherchaient leurs enfants morts.

Il y a quelques semaines, en parcourant les expositions présentées à Visa pour l'image, j'ai senti que peu de choses avaient changé depuis cent cinquante ans, depuis que Baudelaire avait écrit dans *Fusées* :

> « Tout journal, de la première ligne à la dernière, n'est qu'un tissu d'horreurs. Guerre, crime, vol, impudicité, torture, crimes des princes, crimes des nations, crimes des particuliers, une ivresse d'atrocité universelle. Et c'est de ce dégoûtant apéritif que l'homme civilisé accompagne son repas de chaque matin. (4) »

J'ai été à la fois attristé par la noirceur du monde offerte par ces images et impressionné par le dévouement des photographes confrontés à la baisse constante des ressources financières de la presse écrite et aux restrictions croissantes imposées par les gouvernements autoritaires.

Parmi toutes les œuvres exposées, une photographie m'a particulièrement marqué. Elle a été présentée dans l'exposition « Photographe et soldat », une sélection de clichés de photographes de l'armée française depuis le début du XX^e^ siècle. Elle datait de la fin de la Seconde Guerre mondiale, en avril 1945. On y voit une rangée d'enfants allemands regardant, fascinés, un train en flammes. Elle m'a rappelé que nous ne pouvons pas nous retenir de regarder les moments de douleur et de destruction, mais aussi que l'œil du photographe a pour rôle de révéler les facettes multiples et complexes de la nature humaine.

1. *In* Susan Sontag, *Devant la douleur des autres*, Christian Bourgois, 2003.
2. Susan Sontag, *Devant la douleur des autres*, *op. cit.*
3. Ernest Shackleton, *South*, William Heinemann, 1919.
4. Charles Baudelaire, *Fusées. Mon cœur mis à nu. La Belgique déshabillée*, Gallimard, 1986.

# Guerre du Vietnam : quand Hollywood prend les armes

Christian Authier

La guerre du Vietnam présente la particularité d'avoir été le premier conflit de l'histoire contemporaine à avoir été couvert et largement filmé « en direct » par la télévision, rendant ainsi compte des événements avec l'impact que l'on sait sur l'opinion publique mondiale en général et américaine en particulier. De reportages télévisés en photos de presse tragiquement célèbres (on songe à l'exécution d'un prisonnier vietcong d'une balle dans la tête par un général de la police sud-vietnamienne à Saïgon en 1968 ou à la fillette brûlée au Napalm courant nue sur une route en 1972), cette guerre fut sursaturée d'images. Nulle surprise donc que le cinéma s'empara du conflit au point que le « film sur la guerre du Vietnam » soit quasiment devenu aux États-Unis un genre à part entière à travers une profusion d'œuvres marquantes.

**Christian Authier** est romancier, essayiste et journaliste. Dernier ouvrage publié : *Comme un père* (Éditions du Rocher, 2025).

## Personnages et scènes cultes

Si *Les Bérets verts* (1968), coréalisé et interprété par John Wayne, est à ranger dans la catégorie du film de propagande soutenant l'effort de guerre américain, d'autres longs-métrages au début des années soixante-dix contestent de manière métaphorique l'engagement militaire des États-Unis au Vietnam. Bien que se déroulant durant la guerre de Corée, *M.A.S.H.* (1970), la comédie antimilitariste de Robert Altman couronnée par la Palme d'or à Cannes, fait écho à la situation au Vietnam de même que l'on peut voir dans certains westerns « pro-Indiens » de l'époque, tels que *Soldat bleu* (1970) de Ralph Nelson ou *Little Big Man* (1970) d'Arthur Penn, des allusions explicites à des massacres commis par l'armée américaine. Pour autant, il faudra attendre la fin du conflit pour que Hollywood s'empare pleinement du sujet. *Retour* (1978) d'Hal Ashby, présenté au Festival de Cannes, évoque les traumatismes subis par les vétérans, thème que l'on retrouve dans *Rolling Thunder* (1977) de John Flynn ou *Cutter's Way* (1981) d'Ivan Passer, mais dans le registre du film noir. Sur le mode du film survivaliste, *Rambo* (1982) de Ted Kotcheff met en scène un ancien combattant, interprété par le viril Sylvester Stallone, rejeté et violenté par les policiers d'une petite ville de l'Amérique profonde quand *Rambo II : la mission* (1985) de George Pan Cosmatos voit ce même personnage envoyé au Vietnam, dix ans après la fin de la guerre, afin de libérer des soldats américains détenus dans des camps. Une façon pour l'Amérique reaganienne d'infliger au Vietnam communiste et à son allié soviétique une défaite symbolique dans le domaine de la fiction…

*Portés disparus* (1984) de Joseph Zito, avec Chuck Norris, autre acteur musclé emblématique des années Reagan, traite également des soldats américains prisonniers tandis que *Portés disparus 2* (1985) de Lance Hool place le héros au cœur du conflit en 1972. Quant à *Portés disparus 3* (1988) d'Aaron Norris, il est la suite directe du premier volet. Loin du patriotisme et du bellicisme assumés de ces films d'action très primaires, *Good Morning, Vietnam* (1987) de Barry Levinson propose, entre comédie et mélodrame, un message résolument pacifiste autour d'un animateur de radio de l'armée américaine en poste à Saïgon. La même année, *Hamburger Hill* de John Irvin, qui retrace une sanglante bataille ayant eu lieu en 1969, mêle un hommage aux combattants américains et à leur courage, une critique de l'inutilité stratégique de l'assaut reconstitué et une charge contre les pacifistes qui, aux États-Unis, accablent vétérans comme soldats en service. Auparavant, la première grande œuvre sur la guerre du Vietnam fut signée par Michael Cimino en 1978 avec *Voyage au bout de l'enfer* dont le titre original, *The Deer Hunter* (« le chasseur de cerf »), reflète mieux la complexité. Succès public et critique, lauréat de cinq Oscars (dont ceux du meilleur film et du meilleur réalisateur), le deuxième long-métrage de Cimino se focalise sur trois amis sidérurgistes d'une petite ville de Pennsylvanie appelés à servir au Vietnam et que l'on suit avant, pendant et après l'épreuve. Si seulement un tiers des trois heures du film se déroule sur le théâtre des opérations, cette partie vietnamienne regorge d'images inoubliables à l'instar des scènes de roulette russe devenues cultes. Accusé par certains de racisme envers les Vietnamiens, *Voyage au bout de l'enfer* a été par ailleurs interprété comme une dénonciation d'un conflit qui n'a servi à rien ou encore comme une ode à l'Amérique.

## Tournages mémorables

Un an plus tard, en 1979, un autre film fait entrer la guerre du Vietnam dans l'histoire du cinéma et l'imaginaire mondial : *Apocalypse Now* de Francis Ford Coppola. Son tournage est entré lui aussi dans l'histoire et donna naissance en 1991 au documentaire *Aux cœurs des ténèbres : l'apocalypse d'un metteur en scène*. Après des années de préparation, l'équipe de Coppola s'installe aux Philippines, mais le chaos et l'apocalypse vont être au rendez-vous pour un tournage s'étirant sur plus d'une année. Typhon dévastant les décors, crise cardiaque de l'acteur principal (Martin Sheen, qui avait remplacé Harvey Keitel débarqué au bout de trois semaines), comédiens ingérables (Marlon Brando arrivé avec quinze kilos en trop et n'ayant pas lu le scénario, Dennis Hopper ayant décidé qu'il ne se laverait pas…), dépassement de budget (Coppola hypothéqua tous ses biens pour poursuivre le projet), consommation excessive de drogues diverses (marijuana pour le metteur en scène dépressif), contraintes extérieures (l'armée philippine du dictateur Marcos fournissait des hélicoptères, repeints aux couleurs de l'armée américaine, qui devaient rejoindre chaque jour leurs troupes sous leurs couleurs originelles), arrangements douteux (un pilleur de tombes fut chargé de fournir de véritables cadavres). Deux années de post-production clôtureront l'aventure. Le film est présenté au Festival de Cannes dans une version inachevée. Il obtient cependant une Palme d'or, partagée avec *Le Tambour* de Volker Schlöndorff. Un succès public international sauve le fiasco annoncé.

Un commando américain, mené par le capitaine Willard, est mandaté par les services secrets de l'armée américaine afin de supprimer le colonel Kurtz, officier incontrôlable établi au Cambodge et régnant sur une petite armée lui vouant un culte. Willard et ses hommes vont remonter un fleuve à bord d'un patrouilleur jusqu'au repaire du mutin. Le scénario, signé par John Milius et très vaguement inspiré d'*Au cœur des ténèbres* de Joseph Conrad, est le prétexte à une succession de scènes hallucinées et hallucinantes. La *Chevauchée des Walkyries* de Wagner accompagne le délire d'un officier américain, affublé d'un Stetson de l'Armée de l'Union, aimant respirer « l'odeur du napalm au petit matin ». Les Rolling Stones et les Doors complètent entre autres la bande musicale. Brando apparaît dans le dernier quart d'heure de cet opéra psychédélique en gourou psychopathe. En dépit de scènes et d'images fascinantes, tout cela n'a guère de sens. Des années plus tard, Coppola, lui-même, en conviendra : « Nous étions dans la jungle, il y avait trop de gens, trop d'argent, puis peu à peu, nous avons perdu le contrôle et les pédales. » Le cinéaste ne sait comment terminer son film. Plusieurs fins sont envisagées. Par la suite, au fil du temps, de multiples versions seront mises en circulation, après l'ébauche présentée à Cannes, dont une version longue en 2001 et une version *final cut* en 2019.

Dans la vaste galerie des films sur le Vietnam, il faut citer parmi les œuvres importantes la trilogie d'Oliver Stone (soldat engagé volontaire multidécoré qui servit en 1967 et 1968 dans la 25e Division d'infanterie), composée de *Platoon* (1986), *Né un 4 juillet* (1989) et *Entre ciel et terre* (1993), *Outrages* (1989) de Brian De Palma, inspiré d'authentiques crimes de guerre commis par les Américains, ou l'impressionnant *Full Metal Jacket* (1987) de Stanley Kubrick. Cependant, au fil de cette riche histoire cinématographique, un long-métrage nous semble apporter un point final (du moins à ce jour) en rassemblant la plupart des codes et des références du genre. Il s'agit de *Tonnerre sous les tropiques* (2008) de Ben Stiller qui relate le tournage dans le Sud-Est asiatique d'une superproduction hollywoodienne sur la guerre du Vietnam. Le film sur le tournage d'un film : le procédé de mise en abîme n'est pas neuf, mais l'acteur et réalisateur (également coscénariste et producteur ici) en livre une version particulièrement réjouissante et dévastatrice.

D'emblée, avec d'hilarantes fausses bandes-annonces, *Tonnerre sous les tropiques* – tel est aussi le titre du film dans le film – présente son casting. Voici Tugg Speedman (Ben Stiller), mélange de Sylvester Stallone et de Chuck Norris, dont la série de films d'action débiles, *Le Rôtisseur* (six volets), bat de l'aile au box-office. Jeff Portnoy (Jack Black), lui, est célèbre pour les comédies scatologiques dans lesquelles il tient tous les rôles d'une famille d'obèses pétomanes. Quant à l'acteur australien Kirk Lazarus (Robert Downey Jr), adepte fanatique de la méthode de l'Actors Studio, il vient de remporter un cinquième Oscar en jouant un prêtre du Moyen-Âge cédant au péché de la chair avec un novice. Pour interpréter le rôle d'un sergent noir dans *Tonnerre sous les tropiques*, il a décidé de se faire pigmenter la peau et d'adopter un très caricatural accent afro-américain. Ce trio, renforcé par un rappeur à la mode et un acteur débutant, est dirigé par Damien Cockburn (Steve Coogan), réalisateur britannique vite dépassé par les caprices de ses vedettes aux ego surdimensionnés et un tournage qui vire au naufrage puisqu'il enregistre « un mois de retard après cinq jours ».

## De la guerre du Vietnam à la guerre du goût

Dès la spectaculaire scène d'ouverture, Ben Stiller convoque tous les clichés : ballet d'hélicoptères, bombardements au napalm, combats débordant d'hémoglobine, dialogues testostéronés entre soldats, rafales de M16, blessés que l'on charge dans les hélicos, combattant vietcong surgissant d'un tunnel souterrain, héros agonisant mélodramatiquement auprès de son frère d'armes… Si *Apocalypse Now* et son tournage cauchemardesque servent de source principale au film de Stiller, celui-ci abonde de citations et de références variées. Tugg Speedman arbore les biceps de Rambo et le bandana de Robert De Niro dans *Voyage au bout de l'enfer* avant d'être criblé de balles les bras en croix tel le sergent Elias Grodin dans *Platoon*. Le vétéran Tayback est affublé de crochets à la place des mains, clin d'œil au héros de *Rolling Thunder*. La bande musicale reprend la chanson *For What It's Worth* du groupe Buffalo Springfield qui fut l'un des hymnes des opposants à la guerre du Vietnam et que l'on entend notamment dans *Né un 4 juillet*. On en passe.

Mais au-delà du Vietnam, *Tonnerre sous les tropiques* nous parle d'une autre guerre, « la guerre du goût » (dirons-nous en citant Philippe Sollers), que l'industrie du spectacle hollywoodienne mène à l'échelle planétaire en imposant son hégémonie tant culturelle qu'économique (la production audiovisuelle est l'un des premiers postes d'exportation de l'économie américaine). Or, que nous dit Stiller ? Du personnage du producteur survolté au langage ordurier (mélange de Scott Rudin et d'Harvey Weinstein génialement composé par un Tom Cruise méconnaissable) à celui de l'agent de Tugg Speedman joué par Matthew McConaughey en passant par la brochette de comédiens vedettes, les cohortes d'assistants ou de techniciens : tout n'est que bêtise, narcissisme, incompétence, vulgarité, cupidité, cynisme, jalousie, inculture, veulerie, mégalomanie, mensonge, violence…

En outre, tout est faux, tout est simulacre. Le cinéma évidemment par essence, mais plus largement le monde qui est ici exposé, un monde où le rapport au réel est devenu impossible du fait de l'accumulation de ses représentations falsifiées. Le réalisateur Cockburn a beau plonger ses cinq comédiens principaux dans la jungle pour plus de réalisme dans un exercice de cinéma-vérité capté par des caméras cachées, rien n'y fait. Même l'irruption de trafiquants de drogue asiatiques (ayant pris les faux soldats pour de vrais agents de la DEA), dont les armes ne tirent pas à blanc, se heurte à l'artifice. Jusque dans le village perdu qu'ils contrôlent, le spectacle a fait son œuvre puisque la population voue un culte à *Simple Jack*, mélodrame ridicule dans lequel Speedman jouait un attardé mental, découvert par les autochtones *via* des VHS piratées. Sous la pression du chef des trafiquants, le comédien est alors contraint de reproduire sa piteuse composition sur une scène de fortune. Là encore, recyclage et simulation règnent en maîtres. Dans ce monde inversé, il n'y a de place que pour la contrefaçon, l'illusion, le pastiche. Stiller épingle avec une jubilation contagieuse le commerce des apparences dont usent les êtres évoluant dans l'usine à rêves pour façonner leur image et leur réputation. Ainsi, le personnage de Tayback (Nick Nolte), conseiller spécial sur le tournage et auteur du récit autobiographique adapté ici à l'écran, se révèle un mythomane n'ayant jamais combattu au Vietnam. Alpa Chino, le rappeur ultra-macho et sexiste, dissimule son homosexualité et Jeff Portnoy son addiction à la drogue. Quant à Kirk Lazarus, il justifie le recours permanent, y compris hors tournage, à ses grossiers subterfuges (pigmentation de la peau et recours à un accent grotesque qui lui valent une accusation d'appropriation culturelle par le véritable acteur noir du film) par l'imparable argument : « Je reste dans le personnage jusque dans les bonus du DVD. »

Il fallait le talent, l'intelligence et le parcours singulier de Ben Stiller pour réussir cette satire au vitriol de Hollywood. Éminemment populaire grâce à ses rôles dans des comédies à succès dont *Mon beau-père et moi* ou *La Nuit au musée* et leurs suites, ou dans des films des frères Farrelly (*Mary à tout prix, Les Femmes de ses rêves*), il est aussi – ce qui est moins connu – un remarquable cinéaste découvert en 1994 avec la chronique douce-amère *Génération 90* puis l'excellente comédie *Disjoncté* en 1996 cinq ans avant de réaliser *Zoolander*, petit chef-d'œuvre d'insolence et d'invention sur le monde de la mode, autre royaume du faux-semblant. Par la suite, on lui doit le très bon *La Vie rêvée de Walter Mitty* et une suite décevante de *Zoolander*. Lui qui fit ses débuts à la télévision, dans des parodies de films et de célébrités, mitraille à travers *Tonnerre sous les tropiques* le quartier général de la société du spectacle en montrant comment des armes de distraction massive (superproductions, films d'action, mélodrames, comédies...) sont transformées en pures marchandises et en instruments d'abrutissement globalisé. À front renversé, depuis le cœur du système, il tire contre son camp avec la liberté, l'audace, l'esprit subversif qui nous font tant aimer un certain cinéma américain.

# LITTÉRATURE

# Shoah : à quoi sert la mémoire ?

Judith Sibony

J'ai longtemps eu peur qu'on parle trop de la Shoah. Cette appréhension devait venir de loin : ma mère est la fille d'un rescapé de la rafle du Vél d'Hiv, et sans doute que son obsession pour les souffrances de son père me pesait. Revenu d'Auschwitz très abîmé, mon grand-père a perdu là-bas sa femme et ses deux enfants. Il a ensuite refait sa vie – c'est ainsi que sont nés ma mère, ma tante, puis leurs enfants dont je fais partie. Et justement : je trouvais que ce triomphe de la vie suffisait. Il y avait à mes yeux quelque chose de complaisant à remuer sans cesse une mémoire de victime. D'ailleurs, ce grand-père avec qui je n'ai évidemment pas assez parlé – j'avais 10 ans quand il est mort – disait toujours une phrase qui m'a profondément marquée : mieux vaut faire envie que pitié.

J'ai fini par me considérer comme l'héritière de cette fierté d'être en vie, qui tranche avec l'image souffrante et « subissante » que je rejetais naguère. Et chemin faisant, moi qui craignais qu'on ne parle trop de la Shoah, je viens d'écrire une pièce sur mon grand-père. D'habitude je ne fais que des portraits d'auteurs et d'acteurs, mais il doit y avoir une affinité pro-

**Judith Sibony** est écrivain, journaliste et réalisatrice.
judithsibony@gmail.com

fonde entre eux et ce tailleur juif si attentif aux apparences, conscient que tenir bon, c'est aussi, d'une façon ou d'une autre, un art de la représentation.

À quoi cela sert-il de raconter encore une histoire de rescapé ?

Je me pose cette question à l'heure de monter ma pièce ; et voici que l'actualité éditoriale vient la creuser davantage : l'année 2025, qui célébrait les quatre-vingts ans de la libération d'Auschwitz, a en effet été très riche en ouvrages sur le sujet. J'en citerai trois – que les auteurs des autres livres me pardonnent.

En février dernier, avec *Appartements témoins* aux éditions La Découverte, Isabelle Backouche, Sarah Gensburger et Éric Le Bourhis ont sorti de l'ombre un pan méconnu de l'histoire : la spoliation des locataires juifs à Paris tout au long de la guerre, et même au-delà.

Sur un autre registre, quelques mois plus tard, les éditions Lattès ont lancé une nouvelle collection baptisée « Memento » avec un livre percutant sur la mémoire du Vél d'Hiv : *Vichy était-il la France ?* de Sébastien Ledoux. Enfin, aux éditions du Seuil, un objet profondément original a marqué la rentrée : *Auschwitz. L'image comme source* de Tal Bruttmann et Christoph Kreutzmüller, qui reproduit et commente avec érudition les photos d'un album réalisé par les nazis en 1944 à Birkenau, au moment où la « solution finale » avait atteint son rythme le plus effréné.

Il se trouve que ces trois livres revisitent des lieux très familiers qui structurent l'histoire de mon grand-père – déporté à Auschwitz après la rafle du Vél d'Hiv, et contraint, à son retour, de se battre pour réintégrer l'appartement qu'il louait jusqu'au matin de son arrestation.

En refermant ces ouvrages, je me suis dit que « revisiter » ainsi l'histoire était sans doute la seule chose à faire, surtout lorsqu'il s'agit d'une histoire qu'on croit déjà bien connaître.

Car c'est ainsi : il y a des choses dont on ne s'aperçoit qu'à la seconde visite.

C'est ce que raconte Isabelle Backouche lorsqu'elle explique comment le thème des « appartements témoins » s'est imposé à elle et à ses camarades chercheurs : en consultant de plus près un fonds d'archives baptisé « Pérotin » et d'apparence anodine. D'après le bordereau, ce fonds regroupait les « dossiers de réquisition de logements vacants en faveur de particuliers classés par ordre alphabétique ». En y regardant à deux fois, l'historienne s'est aperçue… que toutes les personnes concernées par cette « réquisition » portaient des noms juifs. C'est alors que l'enquête a commencé.

Dans son beau livre sur les images de la Shoah, Tal Bruttmann parle de « savoir voir » : il écrit, en conclusion du volume, que toutes les photographies prises pour illustrer la passivité docile des juifs en route vers les chambres à gaz contiennent en fait une violence qu'« il faut savoir voir ». Les analyses qu'il développe dans l'ouvrage montrent que ce savoir donne accès à une réalité très profonde : une forme de savoir vivre, qui se traduit par l'irréductible dignité dont font preuve tous ces êtres sur la fameuse « rampe » qui les mène à la mort. L'historien nous invite par exemple à regarder les hommes (surtout les religieux) qu'on a obligés à se découvrir la tête et qui, le buste bien droit, opposent aux photographes un regard de défi. Il pointe aussi telles femmes et tel enfant tirant la langue ou grimaçant avec colère. Il attire encore notre attention sur les déportés affublés d'un lourd manteau en plein été ; accoutrement qui semble inapproprié, mais qui témoigne surtout d'un espoir bouleversant : être encore en vie quand viendra l'hiver…

Savoir voir, donc. Quitte à re-regarder des photos très « connues ». Et quitte à retourner dans des appartements qu'on aurait préféré laisser aux oubliettes.

À propos d'appartement, on m'a toujours raconté que pour récupérer son logement, mon grand-père avait menacé son occupant avec un revolver. Opération efficace, puisque ma mère et ma tante sont nées dans cet endroit d'où leur père avait été raflé avec sa première femme et ses enfants le 16 juillet 1942. Je connais par cœur cette histoire, mais j'ignorais tout de la politique de « relogement » (c'est-à-dire de spoliation du droit de bail) mise en place par la préfecture de Paris dès 1941 sous la direction d'un certain Georges Bertet.

## Pas de scandale ni de réparation

En lisant le livre remarquablement vivant et documenté de Backouche, Gensburger et Le Bourhis, on découvre les rouages de ce système qui a fait émerger tout naturellement la notion d'« appartements juifs », et l'urgence d'y installer des locataires « français ». Un dispositif d'autant plus redoutable qu'il ne s'appuyait sur aucune législation, ce qui l'aurait rendu plus facile à dénoncer.

Cette histoire, personne ne l'avait encore racontée. « Comme il n'y a pas eu de loi, il n'y a pas eu de scandale ni de réparation », résume Isabelle Backouche, qui note aussi le débat auquel le livre s'est heurté à sa sortie :

peut-on parler de spoliation lorsqu'il n'y a pas de propriété ? Le fait est que les spoliations mises en lumière jusqu'ici (œuvres d'art, biens immobiliers et autres symboles d'opulence) occultent la réalité de ce qu'étaient majoritairement les juifs à Paris au début des années quarante : des êtres qui ne possédaient rien, et dont il suffisait de résilier le bail en leur absence – et en dépit du droit – pour qu'ils aient, bel et bien, tout perdu.

Cette page de l'histoire ne contient ni bijoux ni manteaux de fourrure pour faire fantasmer les gens. Par ailleurs, elle se termine assez mal, puisque même après la Libération, découvre-t-on à la fin du livre, l'administration a fait de son mieux pour qu'il soit quasiment impossible aux juifs de récupérer leur logement d'avant-guerre. À toutes fins utiles, une loi a même été votée le 7 mai 1946, stipulant qu'un Français ne peut pas être délogé par un « étranger ». Je comprends mieux que mon grand-père soit finalement rentré chez lui l'arme au poing : il n'avait tout simplement pas le choix.

Avec *Appartements témoins*, voici donc un ouvrage qui non seulement informe un nouvel aspect de la persécution des juifs, mais nous rappelle aussi, au passage, que celle-ci a duré au-delà de 1945. Autrement dit : Vichy n'aurait fait qu'offrir un terrain favorable à l'expression décomplexée d'un antisémitisme banal et naturel.

C'est aussi le thème souterrain du livre de Sébastien Ledoux, si différent par sa nature, et en même temps si proche dans ses conclusions. *Vichy était-il la France ? Le Vél d'Hiv et sa mémoire* est un texte bref qui se concentre non pas sur la persécution des juifs mais sur la mémoire de celle-ci. Et plus précisément : sur son évolution. Pour ce faire, archives à l'appui, il décrit la façon dont on a parlé du Vél d'Hiv depuis la rafle du 16 juillet 1942 jusqu'à nos jours. L'élément central de l'ouvrage est le fameux discours de Jacques Chirac, premier président de la République à reconnaître la responsabilité de l'État français dans les crimes nazis lors d'un discours qui a marqué les esprits en 1995 (1).

Dans une courte introduction, l'auteur rappelle que le Vélodrome d'Hiver, superbe palais des sports situé près de la tour Eiffel, avait été utilisé, le 16 juillet 1942 et les jours suivants, pour parquer plus de 8 000 juifs dans des conditions abominables avant de les envoyer vers Auschwitz *via* les camps de Pithiviers, Beaune-la-Rolande et Drancy.

Le livre décrit ensuite la façon dont ce lieu est aussitôt devenu un espace de refoulement, puis un lieu de mémoire réservé aux seuls intéressés (les rescapés et leurs proches), puis – assez laborieusement – un lieu de commémoration nationale, symbole d'une prise de conscience mémorielle dont témoigne précisément le discours de Chirac.

Parmi les archives les plus croustillantes réunies dans cet opus, on peut citer les articles du *Monde* parus en septembre 1945, dont l'auteur se félicite de voir le palais des sports enfin « rendu à sa destination première : cyclisme, catch et boxe ». « Aux internés de la guerre avaient succédé les prisonniers et les déportés », résume le journaliste. Pas un mot de plus.

Dès l'année suivante, le Vél d'Hiv est pourtant désigné comme un lieu de commémoration, mais Sébastien Ledoux montre bien que les pouvoirs publics passent sous silence le sort des juifs : dans la geste nationale, les victimes quelles qu'elles soient sont « mortes pour la France » et sûrement pas à cause d'elle. Lorsque l'équipement sportif est détruit en 1959, *Le Monde* (encore) ne l'associe qu'à l'histoire du cyclisme et de la boxe. Et c'est seulement grâce à la mobilisation d'associations juives qu'une plaque commémorative est maintenue à l'ancienne adresse du vélodrome.

En 1971, quand Marcel Ophüls fait entendre des témoignages sur les Français « collabos » dans *Le Chagrin et la Pitié*, le film est censuré par l'ORTF parce qu'il brise le récit d'un « peuple français uni dans la résistance ». La même année, le président Pompidou gracie le chef milicien Paul Touvier et affirme qu'il est l'heure « de jeter le voile, d'oublier ces temps où les Français ne s'aimaient pas ».

Dans cette synthèse précieuse, Ledoux indique en passant que le haut fonctionnaire vichyste Maurice Papon était encore ministre du Budget de Raymond Barre de 1978 à 1981. Il rappelle aussi l'inflexible position de François Mitterrand tout au long de ses deux septennats : un refus catégorique de reconnaître les crimes de Vichy contre les juifs, au prétexte qu'à ses yeux ce gouvernement (dont il a pourtant rejoint l'administration en 1942) « n'était pas la République française ».

Tout cela est relativement connu mais gagne à être rappelé : au martyre de la guerre a succédé une longue suite de dénis qui, contrairement à ce qu'on a souvent voulu croire, n'étaient pas le fait des victimes. « Beaucoup ont tenu à parler, ils l'ont fait jusqu'à s'enrouer », affirme Henri Bulawko en 1984 lors d'une commémoration. Président de l'Union des déportés d'Auschwitz, il était un des plus proches amis de mon grand-père, et je peux témoigner, même si j'étais alors enfant, que ces gens n'étaient pas prostrés dans le silence comme on l'a tant dit. Au contraire : ils ne pensaient qu'à témoigner et à transmettre. Mais il faut croire que pendant des années c'est la société qui n'avait pas envie de les entendre.

Lorsque je l'ai interviewée, Isabelle Backouche m'a livré, sur ce thème, un scoop qu'elle venait de découvrir : le fameux Georges Bertet, directeur du bureau de relogement de la préfecture tout au long de la guerre, a été nommé chevalier de l'ordre national du Mérite en 1969 et officier en 1982 pour avoir « contribué courageusement à reloger plusieurs milliers de sinistrés pendant l'Occupation ».

En revisitant ses archives à l'issue de notre échange, elle m'a aussi livré un scoop plus personnel : il concerne l'appartement de mon grand-père dont je lui avais donné le nom et l'adresse. Un document indique que son logement avait été vidé par les Allemands et « reloué » avant même que Bertet n'ait mis en place son système administratif de listes et de réattributions. Dans une lettre datée de février 1944, l'administrateur provisoire autoproclamé de l'immeuble essaie de « régulariser » la situation. Mais les services de Bertet lui opposent frileusement un refus : l'administration ne veut pas endosser des relocations qu'elle n'a pas couvertes.

Fascinante mise en abîme de l'injustice qui se miroite dans l'illégalité.

Éblouissante utilité des historiens qu'on ne remerciera jamais assez de visiter, encore et encore, les recoins obscurs de l'histoire.

1. C'est le concept de cette nouvelle collection, « Memento », créée par Charlotte Rousseau chez J.C. Lattès : s'appuyer sur un anniversaire historique pour en proposer un récit aussi précis qu'efficace et accessible.

# Carnets de Pondichéry IV
## La forme d'une ville

Michaël Ferrier

Il est à peine sept heures du matin. La lumière est tendre, crayeuse. L'air déjà saturé d'odeurs : je repère quelques senteurs de jasmin, de cardamome, un mince nuage d'encens, mais aussi des relents de diesel. Par-dessus la ville, une nappe d'humidité qui en épouse tous les contours comme un gant. J'avance, carnet en main, à pas lents.

Déjà dans mon enfance, face à la carte multicolore délicatement dépliée sur la table en bois de l'école, je jouais à les énumérer. Ou plutôt à les fredonner : Pondichéry… Mahé, Yanaon, Karikal… Chandernagor… C'était la comptine des comptoirs. Les cinq comptoirs français de l'Inde. Les noms, on le sait, ne sont pas de simples étiquettes géographiques mais des réservoirs à rêves. Les adultes s'en servent pour se repérer, les enfants pour s'évader à travers le vaste monde.

**Michaël Ferrier** est écrivain et essayiste. Dernier ouvrage publié : *Notre ami l'atome* (écrits cinématographiques, en collaboration avec Kenichi Watanabe, Gallimard, 2021). www.tokyo-time-table.com

Mahé, le plus petit, le plus vif : il tient sur ses deux syllabes comme sur deux pattes d'oiseau. Mahé sent le poivre et le sel, la pluie chaude et les filets de pêche qu'on relève au matin. Son nom crisse comme une voile qu'on hisse, dans la hâte des moussons. Yanaon : le plus mystérieux peut-être, avec sa nasale finale, comme un soupir se refermant sur un secret. J'entendais dans Yanaon une procession lente dans la moiteur des rizières, des barques chargées de bananes, de paniers de fleurs, de cordages, la mélopée des bateliers.

Karikal, au contraire, avait un profil carré, presque sévère. Il y a du cuivre et des cloches dans ces trois syllabes, qui s'annoncent au tympan comme un grondement de tambours. C'est l'appel d'un guerrier sous un casque ou la canonnade d'un fortin sur la côte. Karikal fait se lever l'odeur du fer chaud et du goudron, il trépigne du pas cadencé des soldats. Le doigt sur l'atlas, j'y suivais les pas d'un combattant imaginaire, marchant à grandes enjambées dans la poussière.

Je remontais encore. Beaucoup plus au nord : Chandernagor. Un nom-poème à lui seul, long et sinueux comme le bras de la rivière qui le borde. Chandernagor, c'était une écharpe de brume au-dessus du Gange, des *ghats* baignés d'or au soleil du matin, le cri des éperviers sur les toits. Enfin, le plus beau d'entre eux, le plus chéri : Pondichéry. Rien qu'à le prononcer, celui-ci s'ouvre comme un tissu qu'on déploie au vent. Dans cette suite soyeuse de consonnes et de voyelles qui forment comme des ombres longues sous les colonnades blanches, je croyais voir passer l'ombre d'un gouverneur en chapeau de paille ou la silhouette d'une amante souriant sous sa voilette. Plus loin, des chaloupes alignées, prêtes à prendre la mer.

Ainsi, les mains bien à plat sur ma table d'écolier, je parcourais la mappemonde en les sifflotant à voix basse, dans un ordre à chaque fois renouvelé : Pondichéry, Mahé, Karikal, Yanaon, Chandernagor… et chaque nom était une porte, chaque porte une couleur, chaque couleur une promesse. Ce n'étaient pas vraiment des appellations, mais bien plutôt des armoiries, des bannières, des écussons. Comme si le monde entier tenait dans ces cinq grains de sable, posés au bord de l'océan. Des générations de petits Français ont comme moi été bercés par ces fredons, et ont rêvé de ces blasons qui les hantaient à la façon d'une princesse lointaine.

*

Maintenant, je suis à Pondichéry. Je ne la rêve plus, je la vois. Je l'arpente et je la croque. J'esquisse des dessins, je prends des notes. Alors, le coquillage s'ouvre et le nom devient un pays.

Tout de suite, on remarque que la ville s'organise selon un quadrillage. Comme si elle avait été dessinée à la règle, rationalisée, presque disciplinée. La rue Suffren coupe la rue Bussy à angle droit, qui croise la rue Dumas, elle-même parallèle à l'avenue Goubert, comme un échiquier tropical. Je l'avais lu dans les livres, mais c'est autre chose de le ressentir physiquement : je découvre que Pondichéry est double. Un canal sépare la « Ville blanche », à l'Est, au bord de la mer (naguère réservée aux Européens), de la « Ville noire », la ville indigène.

Le contraste entre Ville blanche et Ville noire n'est pas, on le sait, une simple question d'urbanisme : c'est la cicatrice visible de l'histoire coloniale. Cette division est bien plus qu'une simple juxtaposition géographique : c'est l'incarnation spatiale d'un pouvoir, d'une hiérarchie raciale, culturelle, politique, que la colonisation a voulu rendre visible, quotidienne, indiscutable. L'urbanisme y est utilisé comme un outil de domination.

Je commence par la Ville blanche. Ici, les maisons sont basses, élégantes, ocre ou citron pâle, avec des volets en bois et des balcons de fer forgé. Des hibiscus ou des orchidées bondissent par-dessus les murs, rebondissent en cascade jusque sur les trottoirs. Les maisons coloniales semblent attendre que quelqu'un les admire. Des constructions coquettes et régulières, qui jalonnent des voies spacieuses et bien alignées. Je me surprends à marcher plus droit, comme si l'urbanisme m'imposait une certaine position du corps dans l'espace.

La rue Surcouf somnole sous ses frangipaniers. On dirait une scène de genre à la Chardin : tout est propret, silencieux, bourgeois. Les volets sont bien peints, les balcons ourlés de bougainvilliers et un chat blanc dort sur une chaise en rotin. Les gens, des personnages souvent modestes (domestiques, enfants, mères de famille), sont occupés à des activités ordinaires (préparer des fruits, coudre, jouer) sans emphase ni héroïsation. La lumière, douce comme du talc, se dépose discrètement sur le bord des tables de jardin, le soyeux des tissus, la porcelaine des ustensiles. Une clarté douce enveloppe les figures. Calme et repos. Je pense à Diderot : « On s'arrête devant un Chardin, comme d'instinct, comme un voyageur fatigué de sa route va s'asseoir, sans presque s'en apercevoir, dans l'endroit qui lui offre un siège de verdure, du silence, des eaux, de l'ombre et du frais. (1) »

Je lève les yeux. Mon regard croise sur les murs des noms de saints ou de rois (saint Gilles, Saint Louis), de corsaires ou d'amiraux (Surcouf, La Bourdonnais), de grands administrateurs ou de grands écrivains (François Martin, Romain Rolland). Certaines rues portent encore des plaques émaillées : « Rue de la Marine », « Rue de l'Évêché ». Lettres blanches sur fond bleu : les inscriptions en tamoul et en français cohabitent. Rien ne semble avoir changé depuis Loti, dans « ce petit coin de vieille France, égaré au bord du golfe de Bengale » (2). Mais ce qui frappe le plus, c'est le silence feutré. Presque irréel pour une ville indienne. On entend au loin les cloches d'une église, le bourdonnement d'un deux-roues, quelques voix, mais rien du tumulte des grandes villes. Cette partie de la ville paraît suspendue dans le temps, comme si l'histoire n'avait pas encore décidé de tourner la page.

Je bifurque vers la rue Bellecombe, puis me laisse glisser vers la Ville noire. Sans transition, au détour d'un carrefour, le décor bascule. Les rues sont plus étroites, moins régulières, plus animées. Ici, les noms sont uniquement en tamoul. Des fresques de divinités à peau bleue ou verte veillent au-dessus des portes. Les échoppes débordent sur les trottoirs : marchands de bananes, tailleurs, vendeurs de guirlandes de fleurs, herboristeries. L'ambiance change brusquement. Les effluves montent par bouquets : odeur grasse et crépitante de l'huile sur les réchauds, sueurs de sac et de corde, de cuir chauffé par le soleil, bouffées de lessive et de vapeur d'eau… Le fumet qui monte des gargotes est chaud, épicé, enivrant, mêlant le piquant du gingembre, la fraîcheur de la coriandre, les notes terreuses du curcuma.

Soudain, le cuir tanné remplace le bois ciré ; les jolis arbustes en bosquets se changent en d'immenses manguiers au feuillage lustré, dense et coriace, et d'un vert très épais qui donne une belle impression de vitalité ; les façades jaunes fanées et les jolis volets bleus cèdent la place à des murs gris et blancs piquetés de petites taches brunes ou de larges rainures noires, craquelés de fissures, parfois recouverts de grandes affiches de cinéma peintes à la main et débordant de couleurs vives (rouges éclatants, jaunes solaires, bleus presque inquiétants…), représentant des héros au torse bombé, le poing levé, une arme à la main, des héroïnes dans une pose dramatique ou dansante. Tout autour, le bruit strident des Klaxon martèle l'espace, imposant une sorte d'urgence perpétuelle.

Les corps aussi changent : les visages sont plus sombres, les langues plus rapides. Devant une épicerie remplie de sacs de lentilles et de sachets d'épices suspendus comme des guirlandes, où ronronne un vieux ventilateur métallique, un homme vend des bracelets à l'effigie de Shiva. Certains clients s'accroupissent, presque à hauteur de l'étal, pour examiner les médaillons : on distingue les visages miniatures de la divinité, finement peints ou gravés, parfois ornés d'une touche de bleu. L'homme annonce un prix d'une voix douce, mais les acheteurs sourient, secouent la tête, font mine de partir : le marchandage commence. Les voix se font un peu plus vives, rythmées, mais jamais hostiles – c'est un jeu connu de tous. Un vieil homme barbu passe, salue le vendeur d'un signe de tête, achète sans discuter un bracelet de fil rouge qu'il attache aussitôt à son poignet avant de disparaître dans la foule.

Le quadrillage s'arrête ; la ville devient un organe vivant, palpitant, imprévisible.

*

« La forme d'une ville / Change plus vite, hélas ! que le cœur d'un mortel ». On connaît les vers du poème de Baudelaire « Le Cygne », qui ont aussi inspiré le titre d'un beau livre de Julien Gracq consacré à la ville de Nantes, où il a passé une partie de sa jeunesse. La phrase est belle parce qu'elle met en tension deux temporalités : celle des rues, des boulevards, des gares (« palais neufs, échafaudages, blocs, vieux faubourgs »), qui se transforment incessamment sous nos yeux, et celle des sentiments humains, supposés plus stables, moins rapides à se métamorphoser.

« Le Cygne » date de 1861. Baudelaire trace ces lignes alors que Paris est en plein bouleversement. Après les deux épidémies de choléra qui ravagèrent la cité (1832, 1849), et l'arrivée au pouvoir de Napoléon III (1852), le baron Haussmann (nommé préfet de la Seine en 1853) a commencé à remodeler complètement la capitale française : les petites rues médiévales disparaissent, englouties sous les percées de l'avenue de l'Opéra et des Grands Boulevards. Les vers de Baudelaire poussent un soupir, presque un cri, face à la vitesse avec laquelle les grandes métropoles modernes perdent leurs repères. Ce cri, on pourrait aujourd'hui l'entendre à nouveau aujourd'hui sur les chantiers du Grand Paris, devant une friche industrielle de Saint-Denis devenant un campus numérique en moins de cinq ans. Ou à Tokyo, où certains quartiers comme Shibuya changent de visage d'une saison à l'autre (3).

Gracq, qui a plus de 70 ans lorsqu'il écrit *La Forme d'une ville*, choisit la phrase de Baudelaire comme point de départ parce qu'elle exprime avec une précision presque géométrique ce qu'il veut faire : *saisir* la figure de Nantes telle qu'elle vit en lui. Non pas décrire une municipalité « objectivement », mais retrouver une silhouette affective, une topographie intérieure. S'il érige ces vers en clé de lecture, et même en programme poétique, c'est qu'il a parfaitement compris – avec la grande intelligence qui le caractérise, mais aussi tout son métier d'ancien professeur d'histoire-géographie – que dans « le vertige de métamorphose qui est la marque de la seconde moitié de notre siècle », la ville, comme un être aimé, nous échappe, et que notre mémoire en devient la seule carte fiable.

Comme l'a bien compris Baudelaire, Paris a connu un bouleversement radical : l'ancien tissu médiéval et ouvrier a été presque complètement détruit, percé de grands axes (boulevard de Sébastopol, rue de Rivoli…) pour améliorer l'hygiène, faciliter la circulation, créer des espaces verts, ouvrir des perspectives monumentales. Elle est devenue un décor classique et régulier, mais où l'ancienne localité – sauf dans quelques bastions épargnés comme le Marais ou l'île de la Cité – est presque effacée. Même choc pour Nantes dans les années vingt-trente (Gracq a 20 ans) : les grands travaux de comblement des bras de la Loire et de l'Erdre, afin de gagner des terres sur le fleuve pour créer de nouvelles voies de circulation et consolider la commune sur une base terrestre, l'ont considérablement dégradée, changeant « pour jamais son équilibre et son assise » et faisant d'elle « une ville qui s'est inventée, qui continue de s'inventer elle-même au jour le jour, sans grand ancrage dans son passé, sans fixation excessive à ses souvenirs ». Et Gracq de conclure, magnifique : « Fidèle seulement au dynamisme aveugle, à la force d'inertie de sa masse en mouvement, qui continue de la propulser. (4) »

À l'inverse, Pondichéry a connu une évolution plus lente, plus cumulative, et garde aujourd'hui encore une lisibilité historique rare : colonisation française, temples hindous, héritage britannique coexistent dans le même périmètre. Ses mutations se sont faites davantage sous le signe de l'adaptation et de la reconversion que de l'érosion ou de l'effacement (5). Les plaques de rue bilingues ou les maisons créoles réhabilitées inscrivent la mémoire dans la vie quotidienne plutôt que dans des monuments isolés. Une sorte de patrimonialisation douce s'est substituée au grand geste de modernisation façon Haussmann ou Le Corbusier (dont le plan Voisin de 1922-1925 pour Paris prévoyait aussi, non sans quelque provocation, d'éradiquer certains quartiers autour de la porte Saint-Denis et de la porte Saint-Martin pour y édifier dix-huit gratte-ciel identiques destinés à loger 78 000 habitants). La ville quadrillée a résisté, le plan en damier conçu par les Hollandais et continué par les Français n'a pas disparu : les rues Desbassayns-de-Richemont et Victor-Simonel sont toujours là et délimitent encore la Ville blanche. De l'autre côté, les quartiers tamouls se sont densifiés mais n'ont pas été broyés par de vastes opérations d'urbanisme : les ruelles gardent leur tracé organique.

Depuis la fin de la présence française en 1954, Pondichéry n'a pas oblitéré son passé colonial – elle l'a recomposé, hybridé, domestiqué. La Ville blanche et la Ville noire existent toujours, mais les frontières ont bougé, et la logique de domination s'est transformée en un jeu de récupération, de superposition et d'invention. Les habitants réinvestissent aujourd'hui cette géographie coloniale : des Franco-Pondichériens ou des entrepreneurs indiens transforment les maisons autrefois occupées par l'administration en *guesthouses*, en hôtels de charme, en cafés ou en galeries d'art… : ce qui était un marqueur de supériorité devient un espace d'hospitalité ou de création, ouvert, marchand, cosmopolite. On voit aussi des architectes locaux s'inspirer du langage colonial (arches, patios, hauteur sous plafond) pour y intégrer des matériaux, des techniques et des symboles tamouls (carreaux en terre cuite, ventilation naturelle), dans une stratégie de stratification plutôt que d'oblitération, une logique de ville-palimpseste, avec des couches culturelles visibles dans la structure urbaine. Pondichéry n'a pas effacé la division coloniale – elle l'a détournée, recodée, se l'est réappropriée, au gré de nombreuses opérations qui l'ont fait passer « de l'ancien comptoir français à la *smart city* indienne », comme le dit joliment Kamala Marius-Gnanou, elle-même une belle représentante de cette « diaspora pondichérienne » aux identités multiples (6).

Aujourd'hui, la Ville blanche n'est plus une enclave de domination, mais un espace traversé, transformé, hybride. La Ville noire n'est plus un arrière-plan subalterne, mais le cœur battant de la création, de l'économie, de la vitalité sociale. Espace hétérogène, espace composite : tout se joue aux intersections. La hiérarchie implicite s'y trouve désactivée, ou du moins fissurée. L'urbanisme colonial est devenu une matière vivante, recyclée par ses propres héritiers.

La ville apparaît enfin comme un corps hybride, fragmenté, dont il ne viendrait à personne l'idée de questionner la cohérence. Non pas un musée, mais un organisme. Pondichéry n'a pas été figée par l'histoire : elle la digère. Ses quartiers sont comme les strates géologiques d'un continent : à chaque pas, une époque remonte. Et le piéton, dans sa lente déambulation, de la statue de Dupleix à celle de Gandhi – toutes deux ponctuent la promenade de la plage comme en un dialogue vivifiant par-delà les siècles (7) –, ne cesse d'arpenter ce sol-parchemin, parsemé de multiples versions antérieures, cette mémoire vive, où la France, l'Inde, le Tamil Nadu et l'océan Indien se croisent comme autant de langues à traduire.

Aujourd'hui encore, il m'arrive d'improviser à mi-voix, comme je le faisais enfant, la liste des comptoirs. Comme on récite une prière ou un poème : Pondichéry, Mahé, Yanaon, Karikal, Chandernagor… Ces noms m'ont façonné, m'ont éduqué. Ils ont fait de moi un homme qui ne se contente pas de ce qui lui est donné, qui cherche l'ailleurs pour comprendre l'ici. Comme cinq cailloux blancs laissés sur un chemin, ils n'ont pas seulement désigné des lieux sur une carte : ils ont ouvert en moi un espace, un souffle, une curiosité sans fin. Par eux j'ai appris que le monde est bien plus vaste que ce que nous en voyons, plus inventif que ce que nous croyons, et que les pays sont faits de sons et de rêves bien avant que d'être faits de frontières.

1. Denis Diderot, *Salon de 1767*, in *Œuvres complètes*, édition établie par Assézat, Garnier, 1876, p. 98.
2. Pierre Loti, *L'Inde sans les Anglais* (1903), in *Voyages en Inde*, Arthaud, 2015.
3. Voir l'architecte Manuel Tardits, « Shibuya, une renaissance perpétuelle », sur le site Tokyo Time Table : https://www.tokyo-time-table.com/tardits-tokyo-shibuya-urbanisme-architecture.
4. Julien Gracq, *La Forme d'une ville*, José Corti, 1985.
5. Gracq, encore : « *[...]* je suis géographe. Le mot de passe en géographie, c'est l'érosion. On s'éteint comme les plantes », *La Forme d'une ville*, *op. cit.*
6. Voir Kamala Marius-Gnanou et Maurice Niwese, « Les Français de Pondichéry et l'équation identitaire », *France forum*, 2025, N° 420 (2), p. 38-41, ainsi que le projet *Mémoires, circulations et citoyennetés : l'expérience des Français de Pondichéry depuis 1881* (Université Bordeaux Montaigne).
7. Voir Michaël Ferrier, « Carnets de Pondichéry III. Deux statues pour un rivage », *Revue des Deux Mondes*, octobre 2025.

# INÉDIT
# AU FIL DE L'ENCRE
# Le père Ubu aurait pris l'express de Bénarès

Benoît Forgeot

Sans l'entêtement de Valery Larbaud, le nom d'Henry Jean-Marie Levet (1) (1874-1906) eût sans doute disparu. En publiant ses œuvres en 1921 chez Adrienne Monnier, avec la complicité de Léon-Paul Fargue, Larbaud a payé sa dette envers un de ses écrivains d'élection. Et, sans doute à son insu, il a fondé du même coup une manière de franc-maçonnerie dédiée à la mémoire du poète dont les *Cartes postales*, un recueil de dix poèmes continûment réédité, servent à la fois de manuel d'initiation et de signe de reconnaissance entre adeptes (2). (On admettra que devoir la préservation de sa mémoire à l'auteur de *Fermina Márquez* vaut déjà, en soi, consécration.)

**Benoît Forgeot** est libraire, spécialisé en manuscrits et livres anciens.

Fils unique et tardif d'un député de la Loire, affublé d'un physique plutôt ingrat, fondu dans la bohème montmartroise de la fin du XIX^e^ siècle et collaborant aux petites revues littéraires du moment, Levet dut aux relations politiques de son père d'avoir été nommé *in extremis* consul de France – mais la phtisie dont il souffrait mit avant l'heure un terme à cette carrière incertaine.

Son œuvre se limite à deux plaquettes et quelques poèmes en revues, outre un roman plus ambitieux demeuré inédit, *L'Express de Bénarès*, dont le manuscrit a hélas disparu – comme le reste de ses papiers. Monsieur le député et Madame décidèrent en effet que les projets de publication des amis de leur fils n'étaient pas dignes de feu M. le consul de France. Si l'on en croit le témoignage de Larbaud, les Levet se montrèrent *a priori* plutôt favorables à un tel projet avant de changer radicalement d'opinion sans donner d'explication : se pourrait-il que les archives de leur fils aient confirmé leurs craintes ? Dilettante et compagnon de bringue, collaborateur de journaux satiriques, poète ; ils ne pouvaient ignorer cela. Mais qu'il ait par exemple préféré les garçons, la chose a peut-être paru passer la mesure. *Exit* la mémoire et les papiers du fils égaré. Restent ses œuvres – bien peu en volume, certes, mais surtout dix diamants savamment polis. Frédéric Vitoux lui a consacré un « tombeau » où s'exprime la plus fraternelle des admirations, mais sa biographie intitulée « récit » ne masquait pas la difficulté : que peut-on dire d'un homme mort à 32 ans et qui paraît s'être évertué lui-même à effacer toute trace, avant que ses parents s'y appliquent à leur tour ?

Né quatre mois à peine avant Levet, le 8 septembre 1873, et lié aux mêmes cercles littéraires et artistiques, Alfred Jarry (mort en 1907) connut une vie aussi météorique que son contemporain, mais il remplaça la volonté d'effacement et la discrétion jusqu'au silence du premier par un excès de fulmination. En effet, les poèmes exquis des *Cartes postales* peinaient à se faire entendre quand, au même moment, le père Ubu beuglait son « Merdre ! » libérateur. S'ils fréquentaient donc des milieux proches sinon identiques, partageaient des amis communs – Léon-Paul Fargue notamment – et même un imprimeur – Renaudie, à qui l'on doit *Le Drame de l'allée* de Levet en 1897 et, deux ans plus tard, l'*Almanach illustré du père Ubu* –, on ne connaissait jusqu'à présent aucune trace liant directement les deux écrivains. C'est dire si la découverte d'une lettre adressée par Henry Levet à Alfred Jarry est un événement !

Comme on le lira ci-dessous, le message est à la mesure humoristique et provocatrice du père d'Ubu, confirmant par la même occasion combien la pièce a eu un impact sur la vie littéraire à l'époque et combien son personnage principal – son *antihéros* – a été adopté sans attendre, avant de passer dans la culture populaire.

La carte postale – car, oui, merveille supplémentaire, il s'agit d'une *carte postale*, d'une authentique carte postale – a été envoyée de Biskra le 27 février 1901. « Les quatre dernières années de Levet à Paris, de 1898 à 1902, avant qu'il embarque pour Manille puis pour Las Palmas, nous restent aussi énigmatiques que le reste de sa vie », se désole Frédéric Vitoux (3). Mais si le poète n'a pas quitté la capitale, comment a-t-il pu poster un mot de Biskra ? Le biographe rapporte les propos d'Aragon dans *Le Paysan de Paris* à propos d'une « bizarre institution » dont Paul Valéry lui avait parlé, passage de l'Opéra : « une agence qui se chargeait de faire parvenir à toute adresse des lettres venues de n'importe quel point du globe, ce qui permettait de feindre un voyage en Extrême-Orient, par exemple, sans quitter d'une semelle l'extrême occident d'une aventure secrète. (4) »

Levet s'est-il donc rendu à Constantine ou a-t-il utilisé les services de la maison du passage de l'Opéra ? Le bonheur de l'incertitude... C'est aussi la période – de mars 1900 à septembre 1902 – où parurent les dix *Cartes postales* en revues. Et, des dix poèmes, l'un est précisément intitulé : « Algérie – Biskra » :

« Sous les terrasses du Royal défilent les goums
Qui doivent prendre part à la fantasia :
Sur son fier cheval qu'agace le bruit des zornas,
On admire la prestance du Caïd de Touggourth... »

Le 27 février 1901, à l'usage exclusif de son compère Alfred Jarry, Levet a expédié une onzième carte postale, peut-être plus poétique encore quoiqu'en prose. Qu'en espérer cent vingt ans plus tard ? Que sa découverte donne envie au lecteur de prendre avec Frédéric Vitoux *L'Express de Bénarès, à la recherche d'Henry J.-M. Levet*.

1. Le poète orthographie son nom avec un « y », « Levey », comme dans cette carte postale : nous privilégions ici l'orthographe de son état civil.
2. « Ces dix poèmes, une poignée d'amateurs se les transmirent, de génération en génération, comme un mot de passe pour se reconnaître entre eux. Sans ces dix poèmes, je n'aurais jamais songé à partir à la recherche de leur auteur. » (Frédéric Vitoux, *L'Express de Bénarès, à la recherche d'Henry J.-M. Levet*, Fayard, 2018, p. 215.)
3. Frédéric Vitoux, *op. cit.*, p. 203.
4. On pense au scénario du film *Le Fabuleux Destin d'Amélie Poulain*, de Jean-Pierre Jeunet.

« Henry J.M. Levey croit devoir prévenir Mr Alfred Jarry qu'il vient d'acquérir d'un Arabe nomade pour la somme de 1f30 – un franc trente centimes – le véritable bâton à phynance et qu'il ne le cédera pas pour tout l'or de la Pologne et de l'Aragon. L.

*[Adresse au verso :]*
M. Alfred Jarry
Mercure de France
15 rue de l'Échaudé
Paris
*[Nom de la rue barré et remplacé par : 7 rue Cassette]*
*[Carte postale d']*Arnold Vollenweider, photograveur /
4, rue du Divan, Alger.

# Les Grands Dieux de Samothrace

Lucien d'Azay

À Lisa S. Hilton

Avant de découvrir la colonnade qui distingue le sanctuaire des Grands Dieux, le visiteur s'engage dans un chemin dont la douce pénombre le prédispose à l'émerveillement. Pour peu qu'il aime les plantes, il est aussitôt enchanté, comme dans une forêt magique, tant la végétation, luxuriante même pendant la canicule, est variée, comme dans un jardin botanique : chênes, oliviers, platanes, figuiers, amandiers, pistachiers, grenadiers, camphriers, acacias, tamaris et d'autres essences d'arbres foisonnent parmi les lentisques, les lauriers, les câpriers, les agaves, les hibiscus, les anémones, les asphodèles et les cinéraires maritimes. Voici les premières ruines en vrac, mais l'on identifie encore un chêne du Caucase et un saule de la Caspienne, un poirier de Chine et un orme cèdre du Texas, et même un gattilier, l'arbre au poivre, *Vitex agnus-castus*, dont le fruit, quand on le glissait jadis dans le matelas des moines, apaisait, disait-on, leurs ardeurs sexuelles.

**Lucien d'Azay** est écrivain. Dernier ouvrage publié : *Vénitiennes au peigne fin* (Les Belles Lettres, 2024).
luciendazay@yahoo.com

## Des essences et des dieux

Quelques-unes de ces plantes ont certes été assez récemment importées dans l'île de Samothrace, mais l'endroit, autrefois plus boisé, jouissait d'une variété botanique tout aussi extraordinaire dans l'Antiquité. Cette abondance reflète l'importance que les Grecs accordaient à la végétation des sanctuaires, qui participait à la sacralisation du paysage, à sa transmutation du profane au sacré, au « retranchement du monde qui accompagne la consécration » (1); il n'est pas jusqu'à l'herbe, si rare dans ce pays aride, qui ne fût considérée comme miraculeuse. Le péribole – l'enceinte, plantée d'arbres et ornée de monuments votifs, qui circonscrit le sanctuaire (*téménos*) et le sépare de l'espace profane – est devenu synonyme de « jardin » en grec moderne. Il s'agissait de créer une enclave féerique, inviolable, préservée même contre les animaux. Des torrents encadraient le seuil de cet élysée moins secret qu'isolé où avaient lieu des cérémonies initiatiques dont les racines préhelléniques s'enfoncent dans la nuit des temps légendaires. Y règnent les trois éléments qui « enveloppent tout ce qu'un penseur peut désirer et exiger de lui-même », comme l'écrit Nietzsche dans *Humain, trop humain*: la grandeur, le calme et la lumière du soleil. C'est là que naissent les pensées engendrées par ces trois qualités, « la grande trinité de la joie », « où tout ce qui est terrestre arrive à se transfigurer ».

Mais qui sont ces « Grands Dieux » ? La plupart précédèrent la colonisation de l'île par les Samiotes (d'où son nom) entre le VIIIe et le VIIe siècle av. J.-C., et ils se rattachaient au culte à mystères orphiques des Cabires (« dieux puissants », qu'on a associés aux Kourètes crétois, aux Korybantes phrygiens et même aux Dioscures). Ces divinités chthoniennes, c'est-à-dire liées aux profondeurs de la terre, étaient fédérées par une « Grande Mère » figurée comme une femme assise, flanquée de deux lions. La déesse maternelle à laquelle les anciens habitants de l'île sacrifiaient se nommait Axiéros ou Élektra (« la Brillante »). Les Grecs l'identifièrent à Déméter, la Terre-Mère, déesse de la fertilité, du blé et de la terre cultivée, mais elle avait déjà été assimilée à la Phrygienne Cybèle, comme l'attestent des autels rupestres, et à la Titanide crétoise Rhéa. Elle ne manque d'ailleurs pas d'avatars, tels que la Phénicienne Astarté, la Babylonienne Ishtar, la Sumérienne Ninhursag, la Romaine Ops ou la Carthaginoise Tanit. C'est la Suprême Matrice d'où est issue l'humanité.

D'autres divinités chthoniennes d'origine préhellénique comptaient parmi ces « Grands Dieux », Axiokersos et Axiokersa, couple infernal dont la vénération supposait des rites distincts ; ou encore les frères Dardanos et Iasion, deux héros samothraciens auxquels on attribue l'institution de mystères aussi obscurs que la fondation même du sanctuaire (2). À ce panthéon, qui varia au cours des âges, s'ajoutaient les dieux proprement grecs, à commencer par Dionysos, Aphrodite, Artémis et Hécate (les deux dernières partageaient sans doute un même autel). Mais la singularité du sanctuaire des Grands Dieux, par rapport à celui d'Éleusis en particulier, réservé aux citoyens libres et hellénophones, était son universalité : « On y accueillait tous les postulants sans considération d'origine, de sexe, d'âge ni de rang social » (3) – les affranchis, les esclaves, les femmes et les enfants, y compris les non-Grecs. Aucune restriction ethnique ni religieuse n'était imposée.

Les dieux présidaient aux rituels dans le cadre de ces grandes fêtes religieuses qu'on appelle encore « panégyres » et qui donnaient lieu à des représentations théâtrales (hiérogamies) et à des danses orgiaques inspirées par le vent et les tempêtes (l'admirable frise de 340 av. J.-C., de style ionique, qui ornait le bas-relief d'un propylée du péribole, actuellement au musée adjacent, figure des danseuses). Au nord-est de la mer Égée, le puissant *meltèm* (ou étésien) provenant des Balkans frappe Samothrace de plein fouet, sans interruption, pendant plusieurs jours d'affilée, avant de tournoyer dans les Cyclades et de poursuivre sa course vers la Méditerranée orientale, avec de furieuses rafales atteignant 70 à 90 kilomètres-heure (force 8 à 9), enflant la houle et tordant la végétation de l'île escarpée. Le souffle salutaire et générateur de ce vent que personnifiait Borée jouait un rôle essentiel dans les cultes, comme à Dodone, en Épire, où les prêtres et les prêtresses du « bosquet sacré » percevaient des messages oraculaires dans le bruissement des feuilles de chêne.

Dans la plaine côtière septentrionale de Samothrace, seule partie habitable de l'île – le reste de sa superficie de 178 kilomètres carrés est accaparé par le massif rocheux de la Lune (Phengári), qui culmine à 1 611 mètres (4), lui donnant une allure de dinosaure dodu à l'ancre quand on la contemple d'Alexandroúpolis, principal port de la mer de Thrace, à une soixantaine de kilomètres au nord (5) –, jusqu'à Chóra, la capitale perchée sur le flanc de la montagne, on avale en une journée plus de vent qu'en une saison dans la plupart des régions non côtières d'Europe occidentale. Ces rafales vous exaltent ou vous exaspèrent, c'est selon. En grec, *o ánemos* (ou *aéras*), « le vent », « l'air », caractérise aussi la passion, l'« agitation de l'âme ». De là dérive le latin *anima*, le « souffle », l'« âme », le « principe de la vie ». Samothrace est une île sans cesse *animée*. Le drapé agité de la tunique qui adhère à la cuisse droite et au buste tendus en avant de la célèbre Niké (Victoire ailée), sans tête ni bras, conservée au musée du Louvre depuis 1863, montre bien cet effet : ailes déployées, cette sculpture se dressait, comme une figure de proue, au sommet d'une fontaine monumentale du sanctuaire des Grands Dieux (6).

Comme à Delphes, à Olympie, à Némée (au sud-ouest de Corinthe) ou à Dodone, les Grecs, quelle que fût leur cité d'origine, se réunissaient, oubliant leurs querelles, en compagnie des métèques et des étrangers, pour sacrifier à leurs dieux et à leurs héros dans ce fabuleux sanctuaire, l'un des plus grands centres panhelléniques à l'époque hellénistique. Mais après la proscription progressive du paganisme dans l'Empire romain à partir du règne de Constantin Ier (306-337), Samothrace fut délaissée. Quelques siècles plus tard, une série de séismes entraîna la ruine de son sanctuaire devenu léthargique.

## Le panthéon de la discorde

Pour les Grecs, un sanctuaire est un foyer œcuménique : tous les cultes y convergent, si hétérogènes qu'ils soient, au lieu de s'y opposer, chaque divinité disposant d'un autel, sans que la revendication concurrentielle d'un site exclusif attise l'hostilité sous-jacente à la notion d'apanage. En vertu de cette propension au syncrétisme, l'hellénisme intégrait si bien les éléments culturels allogènes que ceux-ci en devenaient méconnaissables. L'harmonie entre les diverses liturgies, propre au panthéisme et à sa prédisposition à la xénophilie, se traduisait par la fusion ou par la conciliation des croyances dans la perspective d'une synthèse confinant à l'éclectisme. L'emprunt ou l'apport de pratiques religieuses contribuait à cette harmonie sans déclencher le moindre conflit.

À cet égard, il est intéressant de comparer le sanctuaire des Grands Dieux à l'« acropole » de Jérusalem, carrefour des trois grands monothéismes (judaïsme, islam et christianisme) et haut lieu ultra-sensible de leurs dissensions. La ville « triplement sainte » revêt pour chacun une importance spirituelle capitale, incarnée respectivement par trois édifices symboliques : le mur des Lamentations, la mosquée Al-Aqsa et l'église du Saint-Sépulcre (7). Serti dans l'esplanade des Mosquées comme un joyau couleur de pierre de lune, dont la coupole dorée resplendit au soleil, le dôme du Rocher, doyen des sanctuaires de l'islam, est depuis des siècles le théâtre d'affrontements sanglants entre juifs et musulmans (8). Même s'il a survécu par miracle aux invasions, aux pillages, aux tremblements de terre et aux pugilats religieux, il n'en est pas moins profané, aux yeux des musulmans, chaque fois que des archéologues ou des rabbins tentent d'en sonder le sol afin d'y localiser la légendaire Arche d'alliance. Certains juifs pratiquants souhaiteraient qu'on détruise ce monument pour ériger un nouveau temple, l'érection du Dôme demeurant controversée, mais ces polémiques n'ont été favorables qu'à la prolifération d'interdictions (9). Des chrétiens évangéliques réclament aussi la construction d'un nouveau temple qui fasse écho à l'église voisine du Saint-Sépulcre (10) pour permettre le retour de Jésus-Christ.

Au cœur d'un tissu inextricable d'enjeux et de litiges religieux parmi les plus épineux du monde, le dôme du Rocher catalyse et cristallise toutes les tensions du Moyen-Orient. Car Jérusalem fait aussi l'objet de revendications antagonistes sur le plan géopolitique. Israël la considère comme la capitale « éternelle et indivisible » du peuple juif depuis trois millénaires. Les Palestiniens, eux, comme le mouvement islamiste Hamas, y voient un symbole sacro-saint de leur nation et la revendiquent comme la capitale d'un futur État de Palestine indépendant.

« Il semble parfois que les conflits soient aussi indissociables du monothéisme que les rayures du tigre », écrit Patrick Leigh Fermor dans *Entre fleuve et forêt*. Au lieu de créer un panthéon syncrétique, comme le firent les Grecs à Samothrace, sur les vestiges d'un sanctuaire plus ancien, les juifs, les musulmans et les chrétiens se déchirent à Jérusalem, chacun réclamant l'apanage de son culte privilégié au même endroit. Partout dans le monde, les sanctuaires ont été conçus et aménagés comme des refuges où sont censées régner la paix, la tolérance et la conciliation. Sauf en Terre sainte, où la juxtaposition, sinon la superposition, de synagogues, de mosquées et d'églises n'a été propice qu'à la guerre.

1. Dans *Comment percevoir le sanctuaire grec ?* (Les Belles Lettres, 2012), Pierre Brulé note que cette « consécration » se nomme *kathiérôsis* en grec, soit la « transformation du lieu en un espace *hiéros* ».
2. À Samothrace comme à Éleusis, le secret de ces mystères a été bien gardé. Les textes anciens ne nous fournissent qu'une vague idée des phases successives de l'initiation et des cérémonies du culte.
3. Voir à cet égard « Samothrace, le sanctuaire des Grands Dieux et ses mystères », de Georges Roux, dans le *Bulletin de l'association Guillaume Budé*, n° 1, mars 1981.
4. Dans l'*Iliade* (XIII, 10-18), Homère nous dit que, de ce sommet, Poséidon observait la guerre de Troie.
5. Ronde comme une madeleine (le gâteau) et dépourvue de port naturel, Samothrace n'est parcourable qu'à proximité de la mer; on ne peut en faire le tour qu'en bateau. Kamariótissa, le port actuel, au nord-ouest de l'île, n'est guère mieux aménagé que le port antique, tout aussi médiocre, à l'embouchure du torrent qui coulait du vallon où l'on érigea le sanctuaire des Grands Dieux sans songer à l'abriter du vent.
6. C'est à un archéologue français, Charles Champoiseau (1830-1909), alors vice-consul de France intérimaire à Andrinople, que l'on doit la découverte de la sculpture : il l'expédia aussitôt au Louvre. Cette « mainmise » évoque celle des marbres que Lord Elgin arracha au Parthénon entre 1801 et 1805 et vendit au British Museum, leur restitution à la Grèce étant toujours d'actualité. En 1999, Max Mulhern, un artiste américain, réalisa une réplique en aluminium de la Niké qu'il tenta de restituer à Samothrace, sans grand succès (voir le documentaire de Jérôme Lambert, *Max et la sculpture qui marche*, 2002).
7. Situé dans le secteur palestinien de la vieille ville, annexé par Israël, le Kotel (ou mur des Lamentations), sur le mont du Temple (*Har ha Bayit*, « Maison de sainteté », en hébreu), est le site le plus sacré du judaïsme (d'après la tradition hébraïque, c'est là qu'Abraham s'apprêta à offrir son fils en sacrifice). La mosquée Al-Aqsa est le troisième lieu saint de l'islam, après La Mecque et Médine. Érigée au VIIe siècle, lorsque le calife Omar ibn al-Khattâb conquit Jérusalem, elle se trouve sur la vaste aire sacrée de l'esplanade des Mosquées (*Al-Haram al-Charif*, « Noble Sanctuaire » en arabe) qui surplombe le Kotel. Selon la tradition musulmane, le prophète Mahomet y rejoignit un affleurement calcaire d'où il monta aux cieux pour recevoir l'ordre des cinq prières quotidiennes. Pour les chrétiens, Jérusalem est aussi un lieu de pèlerinage majeur, à l'église du Saint-Sépulcre. Le mont du Temple, où Jésus-Christ prêcha avant d'être crucifié et de ressusciter dans son tombeau, passe pour le sanctuaire le plus important de la chrétienté ; des fidèles y attendent la parousie, la seconde venue imminente du Messie.
8. La seconde Intifada, le soulèvement palestinien contre l'occupation israélienne, perçu par Israël comme une campagne de terrorisme, a été déclenchée par la visite d'Ariel Sharon, alors chef de l'opposition israélienne, sur l'esplanade des Mosquées et le mont du Temple, le 28 septembre 2000.
9. En vertu d'un *statu quo* historique, les non-musulmans peuvent se rendre sur le site à certaines heures, pourvu qu'ils n'y prient pas. Ce qui encourage un nombre croissant de juifs, souvent nationalistes, à le faire subrepticement, un geste que les pays arabes dénoncent comme une provocation.
10. L'ancien Saint-Sépulcre, constitué d'une rotonde autour du tombeau du Christ, inspira sans doute le dôme du Rocher.

# ÉTUDES, REPORTAGES, RÉFLEXIONS

# Sansal et l'Algérie des maîtres chanteurs

Philippe Videlier

« Il reviendra à Pâques, mironton, mironton, mirontaine,
Il reviendra à Pâques ou à la Trinité, ou à la Trinité.
La Trinité se passe, mironton, mironton, mirontaine,
La Trinité se passe, Malbrough ne revient pas... »
(Chanson enfantine)

« Maintenant qu'il y a eu condamnation, on peut imaginer que des mesures de grâce, notamment en fonction de la santé de notre compatriote, soient prises. »
(François Bayrou, Premier ministre, 1er juillet 2025)

De tous les présidents algériens depuis l'indépendance, Abdelmadjid Tebboune est certainement le seul qui n'a ni histoire ni relief. Chacun de ses prédécesseurs a en sa faveur ou défaveur des événements mémorables attachés à son nom et à sa personne. Depuis Ahmed Ben Bella, à l'été 1962, jusqu'à Abdelaziz Bouteflika en passant par le colonel Boumediene, le colonel Chadli Bendjedid et même le général Zeroual. Sur tous, il y aurait beaucoup à dire. Mais sur Abdelmadjid Tebboune, très peu.

**Philippe Videlier** est écrivain et historien. Il est notamment l'auteur de *Quatre saisons à l'Hôtel de l'Univers* (Gallimard, 2017) et de *Rendez-vous à Kiev* (Gallimard, 2023).

Bien sûr, hors de cette succession, se détachent deux figures légendaires dignes d'estime qui ne furent en réalité « présidents » qu'à demi: Ferhat Abbas, le premier président du Gouvernement provisoire de la République algérienne (GPRA), débarqué avant même l'indépendance, et Mohamed Boudiaf, fondateur du Front de libération nationale (FLN), président du Haut Comité d'État institué pour faire barrage à la déferlante islamiste, assassiné le 29 juin 1992 – assassinat jamais élucidé. Ces deux personnalités, très transitoires, s'inscriront sans doute dans l'histoire algérienne pour leur attachement à l'idée démocratique, au désintéressement et à la probité.

Ben Bella, installé au pouvoir à l'été 1962, pensait y rester indéfiniment et commença par persécuter ses opposants, faisant arrêter et mettre au secret Mohamed Boudiaf, Ferhat Abbas, pourchasser Hocine Aït Ahmed le Kabyle et quelques autres. Ahmed Ben Bella était la coqueluche de l'*intelligentsia* française. Il cultivait un certain nombre d'amitiés, on lui prêtait l'idée d'établir en Algérie un socialisme qu'il qualifiait d'« islamique », teinté d'autogestion (une idée soufflée par l'un de ses pygmalions, épigone du trotskisme, nommé Michel Raptis, davantage connu sous le pseudonyme de « Pablo » – le journaliste à l'AFP François Fejtö le disait « conseiller écouté de Ben Bella et qui finit par devenir plus algérien qu'internationaliste »). La perspicacité du conseiller s'exprima dans une analyse datée du 6 septembre 1962, soit deux mois tout juste après la proclamation de l'indépendance. On y trouve le compte rendu d'une « entrevue avec le frère Ben Bella » à Alger. « J'ai demandé au frère Ben Bella si on s'acheminait vers la construction d'un appareil d'État de type nouveau… (1) » Incontestablement, et pour le malheur de l'Algérie, c'était le cas. Le rapport de Pablo inclut une incidente concernant « la personnalité magnétique du colonel Boumediene » : « Je suis, pour ma part, enclin à croire que cet homme de qui se dégage une profonde et sincère foi au peuple, je dirais même en la base, en la mystique de la Révolution *[...]* ne s'accommodera jamais d'un appareil d'État recopiant le système administratif hérité du colonialisme. (2) » Cette conclusion se révéla dramatiquement exacte : en fait de mystique, le colonel Boumediene installa la sienne par un coup d'État surprise qui renversa Ben Bella en juin 1965, le fit mettre à l'ombre pour quinze ans, et renvoya dans ses foyers le conseiller Michel Pablo, forcé à une fuite précipitée (plusieurs de ses camarades étrangers furent alors arrêtés et torturés).

La foi dans le président algérien ne se limitait pas à une frange gauchiste ayant soutenu la guerre d'indépendance. Ainsi le socialiste Claude Estier offrait aux lecteurs de *France Observateur* (ancêtre du *Nouvel Obs*) une interview de Ben Bella agrémentée de commentaires naïfs. L'entretien lui-même (juin 1963) se fige en document historique à la lumière de la suite. Ben Bella *dixit* :

> « Ce n'est pas un régime policier. C'est plutôt un peu trop l'anarchie. Nous voudrions nous dispenser de l'appareil

> policier dont toutes les révolutions sont accompagnées. Même si nous devons un jour y avoir recours, nous garderons toujours cet esprit démocratique sans jamais employer de méthodes qui dénatureraient le sens de notre révolution. (3) »

À cet endroit, le magazine renvoie à une note de bas de page : « Cet entretien a eu lieu la veille de l'arrestation de Boudiaf. » On ajouterait volontiers un point d'exclamation. Dans un ouvrage paru à Paris en 1964, *Où va l'Algérie ?* (4), Mohamed Boudiaf raconta son odyssée : enlèvement en pleine rue, séquestration arbitraire, embastillement, grève de la faim, avant une libération due aux pressions internationales. Tandis qu'à la même date, Claude Estier publiait son essai *Pour l'Algérie* (5). Une sorte de *Who's Who* des personnalités algériennes : s'y égrenaient les noms de Boumediene (« l'homme mystère du régime »), Bouteflika (« jeune homme fringant ») et Mohamed Khider, le dissident potentiel (« Il est sans doute celui dont les intentions secrètes sont les plus difficiles à percer »). Khider, soudain démis de ses fonctions, fit défection.

## Parti unique, affaires multiples

Rendant compte au mois d'avril 1964 de l'ouverture du congrès du FLN, la presse internationale annonça : « Ben Bella a cloué au pilori ceux qui veulent que l'Algérie soit libérée du parti unique. » Le président Ben Bella se fit applaudir par ses ouailles : « Notre société a besoin d'un moteur, ce moteur, c'est le parti unique. » À quoi Mohamed Khider répondit par une conférence de presse… à Paris : « Il n'existera bientôt plus d'autre solution au peuple algérien que la résistance armée pour se libérer d'un régime qui glisse de plus en plus vers le fascisme. (6) » L'ennuyeux, avec Khider, c'est qu'il était parti avec la caisse, ce qui contrariait gravement le président Ben Bella. On parlait de 60 millions de francs suisses détenus dans une banque helvétique. En effet, Mohamed Khider, ancien trésorier du FLN qui centralisait l'argent des ouvriers émigrés, avait monté en Suisse un établissement financier, la Banque commerciale arabe, gérée par un banquier nazi, François Genoud, héritier des « droits d'auteur » d'Adolf Hitler et de Joseph Goebbels. « M. Genoud est un ami de Ben Bella et de moi-même », déclara Khider en octobre 1964 lorsque, au cours d'un voyage d'affaires, l'ami Genoud se trouva provisoirement retenu en Algérie, sans motif initial, puis placé sous mandat de dépôt par un juge d'instruction d'Alger, inculpé de trafic de devises et d'infraction à la législation sur les changes, comme moyen de pression sur le trésorier indélicat Khider et les autorités suisses. « M. Genoud bénéficie de toutes les garanties prévues par la législation pénale. Il a pris contact avec un avocat », précisa le parquet d'Alger. Étrangeté de la politique, l'avocat du banquier nazi était un Suisse socialiste qui, après trois mois, se désista, déclarant : « Le pouvoir judiciaire algérien n'est qu'un instrument de l'État. » De fil en aiguille, pour en finir, le gouvernement de Berne expulsa de Suisse l'encombrant Khider et, à titre de réciprocité, le banquier Genoud fut rendu à la liberté.

Telles se présentaient les mœurs politiques, étatiques et judiciaires algériennes lors du premier mandat présidentiel suivant l'indépendance. Le quotidien parisien *Combat*, dans lequel s'était naguère illustré Albert Camus, commenta l'affaire ainsi :

> « On murmure, à Genève, que la décision du Gouvernement helvétique pourrait avoir son origine dans le désir de voir libérer M. Genoud, directeur de la Banque commerciale arabe, arrêté récemment à Alger. Cette arrestation s'est d'ailleurs effectuée dans des conditions scandaleuses qui illustrent assez bien l'accélération du caractère policier du régime installé à Alger. (7) »

Voilà la réputation que se forgeait le gouvernement de l'Algérie.

À quelques mois de là, le colonel Houari Boumediene prit le pouvoir et, pour longtemps, s'y installa. Ben Bella fut arrêté en pyjama à l'aube du 19 juin 1965, conduit dans un lieu secret, si bien qu'on ignorait s'il était vivant ou mort. Trois avocats français poussèrent les concessions jusqu'à proposer de rendre visite à leur client « les yeux bandés » afin de s'assurer, « même de loin », que Ben Bella était toujours de ce monde. Requête rejetée. L'insoutenable suspense dura jusqu'en novembre, lorsque fut rendue publique une lettre manuscrite du prisonnier à sa mère. Un comité de soutien à Ben Bella se constitua à Paris. On y trouvait Françoise Sagan, Jean-Paul Sartre et Simone de Beauvoir. (Et aussi Michel Raptis *alias* Pablo, *incognito*). De même qu'Aimé Césaire, François Mauriac, André Breton. Ce comité de solidarité envers les prisonniers politiques algériens dénonçait le « règne de l'arbitraire » :

> « Il faut le dire, ne pas se lasser de le répéter : en l'absence de garanties légales qui leur sont refusées, le sort et la sécurité même des victimes de la répression, en Algérie, dépendent, pour une large part, des pressions de l'opinion internationale. (8) »

Ben Bella ne fut jamais inculpé ni jugé. Il demeura en prison puis en résidence à l'isolement, c'est tout.

Houari Boumediene se tailla un régime à la mesure de ses ambitions, s'instituant d'abord président du Conseil de la Révolution, puis président de la République, du 10 décembre 1976 jusqu'à sa mort, fin 1978. Candidat unique du parti unique, Boumediene obtint 95,23 % des voix avec un taux de participation de 95,82 %, ce qui prouvait mathématiquement la haute satisfaction des Algériens. Le régime s'aligna sur les Non-Alignés et se couvrit d'un vernis progressiste. Mais il ne suffit pas pour cela de renommer boulevard Che-Guevara l'ex-boulevard de la République qui domine le port d'Alger (boulevard inauguré par Napoléon III). Il ne suffit pas d'accueillir les guérilleros brésiliens en lutte contre la dictature militaire de leur pays. Et moins encore de recevoir à Alger Eldridge Cleaver et les proscrits des Black Panthers (ce compagnonnage d'ailleurs se termina mal). Le régime en effet maintenait les spécificités acquises sous la présidence antérieure. Mohamed Khider, l'opposant détenteur du « trésor de guerre du FLN », fut abattu le 3 janvier 1967 devant son domicile, à Madrid, où il s'était réfugié.

Le 10 juillet 1967, l'affaire du trésor de guerre arriva devant la justice genevoise : qui donc au bout du compte allait toucher le grisbi ? En jeu, 42 769 100 francs suisses, sans compter ce qui s'était perdu en cours de route ! Le 13 juillet 1967, trois citoyens helvétiques voyageant dans un avion de tourisme, et provenant peut-être du Biafra en guerre civile, furent arrêtés à Hassi Messaoud pour « espionnage », tenus au secret pendant quarante jours, puis emprisonnés à Alger et inculpés d'« atteinte à la sûreté intérieure de l'État ». Après huit mois de cette détention arbitraire, la Suisse s'agita, des personnalités, avocats, juges, universitaires, journalistes s'adressèrent à l'Algérie officielle en des termes polis et calculés, respectueux voire flagorneurs, afin de ne point heurter les susceptibilités :

> « Nous en appelons maintenant au gouvernement algérien : la Suisse dans son ensemble a participé avec sympathie à l'œuvre de libération que vous avez entreprise en faveur de votre pays. Chacun ici suit avec intérêt le

> travail considérable que vous accomplissez pour que l'Algérie prospère, soit forte et heureuse. La libération de nos concitoyens contribuerait ainsi à renforcer ces sentiments de sympathie à l'égard de votre pays. Elle serait un acte de justice et de sagesse, qui grandirait votre peuple et servirait au maintien de bonnes relations avec la Suisse. (9) »

Hélas, la démarche resta sans effet. Les Suisses peinaient à saisir où les Algériens voulaient en venir.

> « La difficulté la plus grande a été de faire admettre aux autorités algériennes que ces prisonniers ne sauraient en aucun cas être utilisés comme monnaie d'échange contre le *trésor Khider*, enfoui quelque part dans les banques suisses. (10) »

Comme si l'idée d'un chantage avait pu effleurer les autorités concernées de part et d'autre ! En juillet 1968, rien encore n'était réglé. « Il y a un an que des Suisses sont emprisonnés en Algérie sans jugement », titrait la presse (11). Et puis, à l'automne, on apprit que le ministre délégué du Conseil fédéral aux accords commerciaux se rendrait à Alger pour des entretiens. L'affaire se discutait toujours à la Cour suprême d'Alger lorsque parvint enfin la bonne nouvelle : le 20 décembre, bénéficiant d'une mesure de grâce du président Boumediene à l'occasion de la fête religieuse de l'Aïd el-Fitr, les trois « espions » suisses arrivèrent à l'aéroport de Genève-Cointrin.

Ce n'est que trois mois plus tard que filtrèrent certains aspects de l'affaire, dont les « méthodes dignes de la Gestapo » utilisées par la police algérienne à l'encontre des prisonniers durant trente-huit jours d'interrogatoires, décrites par le menu au cours d'une conférence de presse : « J'ai subi le supplice de la baignoire électrique treize fois en quinze jours… J'ai connu le seau métallique placé sur la tête, et sur lequel on tape deux ou trois heures de temps… J'ai connu encore d'autres tortures : la toupie, la bouteille de whisky, la pompe, les coups de nerfs de bœuf, la balançoire, et l'exécution simulée… (12) » (le principal tortionnaire devint plus tard ministre puis ambassadeur au Portugal). Parmi les chefs d'accusation portés contre les trois « espions », celui de vouloir annexer une partie du territoire national (à la Suisse) ! Au cours des auditions, un juge d'instruction avoua aux inculpés : « Vous êtes des otages, tant que vous *[la Suisse]* n'aurez pas fait un geste vis-à-vis des Algériens, vous resterez ici en prison. (13) » Ce point fut confirmé au cours d'une conversation entre leur avocat et le ministre des Affaires étrangères Bouteflika : « Ils seront libres dans les quarante-huit heures, si la Suisse fait un geste… (14) » Un geste… Le trésor de guerre de Khider, les comptes à numéro, les coffres pleins du banquier Genoud… Au moment de leur libération, avant de monter dans l'avion, un diplomate suisse intima aux graciés de ne rien dire à la presse en arrivant, mais seulement des banalités pour ne pas entraver la suite des négociations entre la Suisse et l'Algérie. À la mort de Boumediene, le contentieux n'était pas encore clos.

## Un président directeur de prison

Probablement serait-il fastidieux de dérouler tout l'héritage qui mène l'Algérie jusqu'à aujourd'hui. Il faudrait parler des émeutes sanglantes d'octobre 1988, de l'ouverture du président Chadli Bendjedid, des mouvements de Kabylie, des espérances en une possible démocratie, de l'émergence sournoise des islamistes dans le sillage de Khomeyni, des Frères musulmans et du djihad d'Afghanistan. Des lecteurs scrupuleux se demanderaient ce qu'il était advenu de l'ex-président Ben Bella, libéré en 1980, exilé en Suisse chez son ami le banquier Genoud et évoluant désormais dans les eaux glauques de l'islamisme. Il faudrait surtout parler de la guerre innommable dans laquelle les islamistes ont fait basculer l'Algérie, des torrents de sang, des flots de douleur, des sommets de sauvagerie lors de la « décennie noire », que les présidents Zeroual et Bouteflika ont soldée au détriment des victimes par leurs prétendues lois de « concorde civile » : l'amnistie des assassins et les compromis passés avec leurs mentors.

Le président Tebboune succéda en 2019 à Bouteflika, démissionné pour avoir voulu briguer un cinquième mandat. On sait peu de choses sur le président Abdelmadjid Tebboune, « vainqueur mal élu de la présidentielle contestée du 12 décembre en Algérie et considéré comme illégitime » (15), réélu avec 84,30 % des suffrages exprimés en septembre 2024. Il n'a certes pas le *curriculum* de Ben Bella, de Boumediene, de Chadli Bendjedid. Sa biographie officielle dit qu'il débuta son parcours scolaire à Sidi Bel Abbès, qu'entre 8 et 12 ans, au temps des Français, il fréquenta l'école libre des imams, qu'il obtint son baccalauréat à Tlemcen l'année du coup d'État contre Ben Bella, qu'il commença une carrière de fonctionnaire à sa sortie de l'École nationale d'administration sous Boumediene, qu'il fut préfet sous Chadli Bendjedid, ministre sous Bouteflika (et même Premier ministre pendant deux mois et vingt et un jours avant d'être congédié). On omet de préciser, élément crucial, qu'il prit très tôt sa carte au FLN pour grimper dans la carrière car cette formalité était obligatoire.

Le président Tebboune ne semble pas insensible à son image, si l'on en croit *El Moudjahid*, ce journal du fond des âges, « il a humblement sollicité les Algériens à lui renouveler sa confiance pour accéder à un second mandat, faisant le serment de poursuivre la dynamique d'édification d'une Algérie forte et triomphante » (16). Dans cette perspective, l'affaire Sansal tombe bien mal. Vraiment. C'est même une erreur cardinale. Au président Tebboune cela confère une histoire détestable, une histoire qui va rester, lui coller à la peau comme le sparadrap du capitaine Haddock. Le président Tebboune connaît certainement le capitaine Haddock. L'hebdomadaire *Tintin* était en vente à Sidi Bel Abbès dans sa jeunesse. Absolument. Le sparadrap du capitaine Haddock dans *L'Affaire Tournesol*: histoire de ce savant lunaire et distrait séquestré par la cruelle dictature bordure, le sparadrap dont on ne se débarrasse pas et qui se balade jusque sur les mains d'un sbire de la police politique… « Ce sparadrap de malheur, mille tonnerres ! *[…]* Ce tonnerre de Brest de sparadrap qui ne veut pas me lâcher ! »

L'affaire Sansal est de celles qui marquent leur temps, et, assurément, elle marquera à jamais ce moment de l'Algérie, car l'histoire fonctionne ainsi.

La cascade de décisions judiciaires arrangées place le président Tebboune en ultime recours. Cela rabaisse la fonction présidentielle au niveau le plus bas, faisant de lui le gardien des clés. Grâce ou pas grâce. Annoncée une fois… puis deux… puis trois… Le sadisme calendaire – grâce pour Noël, pour le jour de l'An, le Ramadan, la fête nationale… – accroît le discrédit. Il est difficile de croire que cela s'inscrit dans « la dynamique d'édification d'une Algérie forte et triomphante ». Le risque est grand, dès lors, que se répande comme un slogan « *One, two, three*, c'est ça l'Algérie !? ».

En son époque, l'affaire Dreyfus déchaîna des passions jusque là-bas, outre-Méditerranée, notamment parmi les populations algériennes de souche européenne. Il ne manquait pas alors de brûlots antisémites pour attiser les haines : *L'Antijuif algérien*, *Le Petit Antijuif*, *L'Union antijuive*, *La Trique antijuive* (et même *Le Bel-Abbésien*). L'affaire Dreyfus reste forcément évocatrice sur l'autre rive. L'affaire Sansal pourrait bien être l'affaire Dreyfus de l'Algérie. Ce n'est pas outrancier que de le penser. Dreyfus, l'innocent capitaine, n'était avant son arrestation arbitraire, sa condamnation inique, sa déportation, qu'un officier sans histoires, comme Sansal était un écrivain sans histoires, si ce n'est la sienne et celles qu'il raconte dans ses romans.

Le président Abdelmadjid Tebboune a souhaité mettre ses pas dans ceux de ses prédécesseurs, pour le pire plutôt que le meilleur. Le président Tebboune s'est précipité sur Sansal, en novembre 2024, pour en faire son

Affaire, comptant en tirer profit d'une manière ou d'une autre, à l'intérieur en instillant la crainte, à l'extérieur en monnayant une grâce. Cela aura eu pour effet, notamment, de faire de Boualem Sansal un symbole, dans le sens exact où Jean Jaurès parlait de Dreyfus.

À l'époque, une partie de la gauche refusait de prendre le parti d'Alfred Dreyfus, un militaire qui n'était pas de leur bord. Pour des raisons malséantes, quelques universitaires, en France, et quelques politiques ont entrepris de dénigrer Boualem Sansal, de justifier *de facto* l'infamie gouvernementale algérienne par les positions, les opinions émises par l'écrivain, les médias qui relayaient ses paroles, tout cela résumé dans la formule kitsch « Sansal n'est pas un ange ». À ce genre de sophismes exécrables, Jean Jaurès répondait :

> « Si Dreyfus a été illégalement condamné et si, en effet, comme je le démontrerai bientôt, il est innocent, il n'est plus ni un officier ni un bourgeois : il est dépouillé, par l'excès même du malheur, de tout caractère de classe ; il n'est plus que l'humanité elle-même, au plus haut degré de misère et de désespoir qui se puisse imaginer *[...]* Il est seulement un exemplaire de l'humaine souffrance en ce qu'elle a de plus poignant. Il est le témoin vivant du mensonge militaire, de la lâcheté politique, des crimes de l'autorité. (17) »

Il n'y a rien à ajouter.

1. Michel Pablo, *Impressions et problèmes de la révolution algérienne*, Parti communiste internationaliste, 1962.
2. *Idem*.
3. Claude Estier, « Ben Bella explique sa politique », *France Observateur*, 27 juin 1963.
4. Mohamed Boudiaf, *Où va l'Algérie ? Notre révolution*, Librairie de l'Étoile, 1964.
5. Claude Estier, *Pour l'Algérie*, François Maspero, 1964.
6. « Algérie : M. Khider pour la résistance armée », *La Sentinelle*, 1er juillet 1964.
7. *Combat*, 28 octobre 1964.
8. Comité pour la défense d'Ahmed Ben Bella et des autres victimes de la répression en Algérie, *Qu'est devenu Ben Bella ?*, François Maspero, 1967.
9. « Appel en faveur des trois Suisses détenus en Algérie depuis 8 mois », *La Tribune de Genève*, 12 mars 1968.
10. « Le martyre de trois Suisses en Algérie », *Feuille d'avis de Neuchâtel*, 26 mars 1969.
11. « Il y a un an que des Suisses sont emprisonnés en Algérie sans jugement », *Feuille d'avis de Neuchâtel*, 15 juillet 1968.
12. « Les Algériens nous ont torturés... Berne nous fait taire : nous protestons ! », *La Tribune de Genève*, 26 mars 1969.
13. Ferdinand Brunisholz, « La phase politique de l'Affaire commence », *La Liberté*, 25 mars 1969.
14. *Idem*.
15. « Algérie : le nouveau président Abdelmadjid Tebboune entre en fonctions », *Le Monde*, 19 décembre 2019.
16. Karim Aoudia, « Il œuvre à l'édification d'une Algérie forte et triomphante : le serment d'Abdelmadjid Tebboune », *El Moudjahid*, 16 août 2024.
17. Jean Jaurès, *Les Preuves*, 1898.

# Les secrets de Djibouti

Nicolas Verhaeghe

Djibouti existe dans la mémoire française pour ceux qui se souviennent de la lecture de *Fortune carrée*, le roman de Joseph Kessel, par les reportages inoubliables qu'il consacre à la question de la traite en 1930. La côte des Somalis perdure comme un mythe pour ceux qui ont rêvé et tremblé en lisant *Les Secrets de la mer Rouge* d'Henri de Monfreid, évoqués avec passion par Oleg Volkoff dans *La Revue des Deux Mondes* en 1982 (1). Ces images sépia, qui ont fait entrer en littérature la côte des Somalis, avec ses aventuriers et ses pirates – déjà –, masquent une réalité très différente aujourd'hui. Dernière colonie française à avoir obtenu son indépendance en 1977, la République de Djibouti entretient depuis lors des relations étroites avec la France, sur le plan militaire mais aussi économique et culturel. Djibouti est ainsi le premier récipiendaire par habitant de l'aide française au développement.

Zone de contact avec la péninsule Arabique, elle se situe à l'entrée du détroit de Bab el-Mandeb (la Porte des pleurs) ; ce nom proviendrait, selon une légende arabe, des lamentations de ceux qui furent noyés par le tremblement de terre qui sépara l'Asie et l'Afrique. Selon une autre légende, il évoquerait les dangers relatifs à la navigation dans le secteur. Il existe en effet un courant de l'océan Indien vers la mer Rouge dans le canal oriental et un courant en sens inverse dans le canal occidental. Les navigateurs empruntant le mauvais chenal se lamenteraient de la difficulté de naviguer à contre-courant.

**Nicolas Verhaeghe** est juriste, diplômé de l'Essec. Officier de marine, dans la réserve, il est étudiant en master d'études militaires au King's College de Londres.
verhaeghe.nico@gmail.com

Ce détroit par lequel transite une part significative du trafic maritime mondial de matières premières et de marchandises, et que traversent de nombreux câbles sous-marins, est un lieu stratégique. Placé entre la Corne de l'Afrique et la péninsule Arabique, il constitue un espace privilégié pour intervenir militairement dans ces régions.

Plusieurs grandes puissances y ont élu domicile : la France, les États-Unis (2003), la Chine (2017), le Japon (2011), l'Italie (2012). Leurs bases militaires assurent des revenus stables à Djibouti et contribuent à sa sécurité. D'autres États (Turquie, Arabie saoudite) souhaitent leur emboîter le pas.

La présence française remonte au milieu du XIXᵉ siècle. Et c'est en 1896 que Djibouti devient le chef-lieu de la nouvelle colonie de la « Côte française des Somalis ». La ville et surtout son port acquièrent leur importance au début du XXᵉ siècle avec l'achèvement de la ligne ferroviaire reliant Djibouti à l'Éthiopie, qui offrait un débouché maritime à ce pays enclavé.

Durant la Seconde Guerre mondiale, des tirailleurs du bataillon de marche somali, engagés volontaires, sont partis de Djibouti pour prendre part à la libération de la poche du Médoc du 14 au 20 avril 1945, avant d'aider à la sécurisation de la ville de La Rochelle après la fin du conflit.

En 1967, à la suite d'un deuxième référendum favorable au maintien de Djibouti dans l'empire français, la Côte française des Somalis devient le « Territoire français des Afars et des Issas » (TFAI). La République de Djibouti obtient l'indépendance le 27 juin 1977 au terme d'un troisième référendum d'autodétermination.

Ce processus ne s'est pas déroulé sans heurts. La France et Djibouti conservent le souvenir douloureux d'une prise d'otages dans un car militaire de ramassage scolaire, à Loyada, par le « Front de libération de la côte des Somalis » qui a conduit à la mort de deux enfants français et de plusieurs civils djiboutiens le 3 février 1976.

Cette histoire explique le lien particulier qui unit encore aujourd'hui la France à ce territoire. La présence française y perdure, pour des raisons stratégiques, mais aussi dans le cadre d'une relation bilatérale qui dépasse la seule question militaire.

J'ai découvert Djibouti à l'occasion d'une opération extérieure (Opex) au printemps dernier. Caractéristique rare, cette opération, qui se nomme « Aspides » (bouclier en grec), est gérée par l'Union européenne, dont le quartier général opérationnel se trouve à Larissa, au pied du mont Olympe. Plusieurs pays européens y participent dont la France, l'Italie, l'Allemagne, la Grèce… Son objectif est de protéger les navires de commerce qui transitent en mer Rouge.

## La plus grande base militaire française à l'étranger

La mission m'amène à Djibouti. Nous arrivons dans ce petit pays de la Corne de l'Afrique par un avion de Turkish Airlines, Air France y étant moins présente. Nous déambulons dans la ville de nuit, nous nous arrêtons à L'Historil, un *moukbasa*, ou restaurant de poisson, où l'on peut encore trouver une spécialité « éthiopienne » et « djiboutiane », la daurade yéménite, tranchée en deux, tartinée d'une pâte épicée, cuite à haute température dans un four traditionnel et servie pour une somme très modique. Le gérant dépeint l'atmosphère d'autrefois, la foule qui débordait et quelques légionnaires qui arrivaient, cela finissait en bastonnades. Le grand hôtel, le Kempinski, où la conférence internationale est organisée, est accolé à la base navale française du Héron. Il m'a semblé cocasse de voir trôner côte à côte, dans le grand hall, les portraits d'Ismaïl Omar Guelleh, le président, et celui de son propriétaire, le cheikh Maktoum, souverain de l'émirat de Dubai.

Et la France ? Elle y a encore quelques intérêts ; j'en veux pour preuve une coopération militaire et civile approfondie, une amélioration des facilités opérationnelles offertes aux forces françaises présentes sur place (FFDj) et une révision des conditions financières de cette présence, dont le montant annuel passera l'année prochaine de 30 à 85 millions d'euros.

Les FFDj (1 500 hommes) soutiennent les bâtiments en escale et constituent un point d'appui non négligeable pour les missions opérationnelles de l'Union européenne : l'opération Atalante, consacrée à la lutte contre la piraterie aux abords de la Corne de l'Afrique, et l'opération Aspides, dédiée à la protection du trafic maritime en mer Rouge contre les attaques menées par les Houthis.

Djibouti, de par sa position, est essentiel aux opérations maritimes régionales, notamment pour la logistique (ravitaillement, carburant, munitions, etc.), l'évacuation sanitaire, la coopération et l'influence. Aspides jouit actuellement du capital politique construit par Atalante, qui bénéficie d'une présence favorable dans le pays depuis plus de dix ans.

Rendez-vous est pris au vieux port de commerce, sur les célèbres quais 8, 9, 10 habituellement occupés par la France, où trônent trois belles frégates, deux italiennes : *Andrea Doria* et *Luigi Rizzo*, et une espagnole : *Reina Sofia*. Un seul navire représente Aspides : l'*Andrea Doria*, frégate de défense aérienne où nous sommes chargés de remettre une décoration européenne au commandant et de féliciter l'équipage. Les côtes du Yémen ne sont pas visibles. Sur le pont, la chaleur puissante et étouffante du soleil me fait divaguer et je lorgne un boutre. Doté d'une magnifique structure en bois, utilisé principalement pour la pêche et le cabotage, rapide et maniable, ce navire était très apprécié des trafiquants d'esclaves, d'armes, de *khat* (un arbuste dont les feuilles ont un effet stimulant et euphorisant) et d'or, des contrebandiers et des pirates. Henri de Monfreid, le célèbre aventurier français, construisit lui-même ses boutres, dont le plus connu fut l'*Altaïr*, pour s'adonner à différents trafics de perles, d'armes, d'alcool et de haschich au large des côtes de la mer Rouge.

Confiné dans une petite maison, toujours sur le port, le bureau du Mécanisme de vérification et d'inspection des Nations unies pour le Yémen (UNVIM) est le témoin privilégié de ces circulations et de ces trafics. Tout navire transférant des marchandises vers les ports contrôlés par les Houthis doit d'abord être inspecté par l'organisation afin de détecter la présence d'armes et d'explosifs. Tout navire non contrôlé ou enfreignant les règles est signalé et mis sous pavillon rouge pour les opérations futures. La gestion et la surveillance sont principalement assurées par le système d'identification automatique (AIS), ainsi que par des plateformes de surveillance maritime. L'organisme onusien fonctionne avec un budget de 8,1 millions de dollars américains et quinze personnes. Un représentant de l'Arabie saoudite était également présent lors de la réunion – nous avons été informés que ce pays était toujours représenté à chaque contrôle de navire et que les résultats lui étaient également transmis. L'Arabie saoudite ne faisait pas partie des bailleurs de fonds pour la prise en charge des coûts de l'UNVIM dont les capacités atteignent jusqu'à six cargos par jour et jusqu'à 1 000 conteneurs par mois.

L'ambassadeur du Japon, coorganisateur de la conférence avec la délégation de l'Union européenne, nous donne un avant-goût du programme dans sa résidence. Toutes les hautes autorités de Djibouti sont présentes : membres du gouvernement, ambassadeurs, militaires, universitaires. La base nippone, ouverte en 2011, est la première et unique base militaire du Japon outre-mer. Ses capacités restent modestes et son effectif est réduit (180 militaires). S'il s'est initialement installé à Djibouti pour lutter contre la piraterie qui sévissait dans le golfe d'Aden, le Japon cherche désormais à renforcer sa présence sur place pour contrer l'influence chinoise. Son Excellence Hara Keiichi est fière de nous montrer son tableau avec les carpes koïs, qu'on appelle un *kakejiku* (peinture sur soie montée en rouleau traditionnel japonais). La carpe représente la force et la persévérance.

Les choses sérieuses commencent quand le ministre des Infrastructures et des Transports de Djibouti déclare : « La menace de piraterie évolue. » Il souligne la nécessité d'une formation maritime dispensée au centre régional de sécurité maritime. Ces réceptions sont un moyen d'obtenir des informations. Entre deux coupes de champagne et des bouchées de sushi faites maison, j'apprends que l'infrastructure a été offerte par le Japon, mais qu'aucun financement supplémentaire n'a été accordé aux programmes. Le symposium du 10 juin 2025 aura mis en exergue les nombreuses lacunes et difficultés du secteur de la sécurité maritime djiboutien : l'absence de stratégie globale dans ce domaine ; la répartition floue des tâches entre les garde-côtes et la marine ; le sous-équipement et le sous-effectif de cette dernière ; l'absence d'un centre d'opérations pleinement « opérationnel » ; une mauvaise coordination avec les autres acteurs nationaux de la sécurité maritime dans la région.

## Les limites de la diplomatie européenne

Pour comprendre cet activisme émanant des salons diplomatiques européens, il faut revenir à un événement marquant qui s'est déroulé au mois d'août 2024 : les attaques contre le MT (*motor tanker*) *Sounion*, un pétrolier battant pavillon grec, dont le port d'attache est Le Pirée. Le 21 août 2024, ce navire d'une longueur de 274 mètres, avec à son bord un équipage de vingt-cinq Philippins et Russes, ainsi qu'une équipe de sécurité, est pris pour cible par des combattants houthis alors qu'il se trouve non loin de l'embouchure de la mer Rouge. Il était en route de Bassora, en Irak, vers la raffinerie de pétrole d'Agii Theódori en Grèce. L'équipage entier a été secouru grâce à l'opération européenne Aspides. La frégate française *Chevalier Paul* évacue l'équipage vers Djibouti le 22 août 2024. Le sauvetage du *Sounion* est un exemple de coopération civilo-militaire entre acteurs maritimes. Les attaques houthies avaient déjà provoqué le naufrage de deux navires, les *Rubymar* et *Tutor*, dans le sud de la mer Rouge.

La diplomatie européenne a pourtant connu quelques faiblesses sur ce sujet. Il est vrai que plusieurs canaux de communication indirects ont été mis en place avec les Houthis, grâce à la délégation de l'Union européenne pour le Yémen, grâce aussi aux Saoudiens et avec le concours onusien. L'opération Aspides a initié des communications en direction de Djibouti, de la Jordanie, du Yémen et de l'Égypte. Cela a permis d'obtenir des garanties sur la posture coopérative des Houthis. Mais les instances bruxelloises ont fait preuve d'une connaissance imparfaite de la finesse de l'écosystème houthi et d'un manque de relations interpersonnelles avec certains acteurs régionaux influents.

## Enrayer le recul de la présence française

Dans le contexte d'un recul de l'influence française en Afrique, la Corne du continent apparaît comme une zone de repositionnement stratégique. Après les coups d'État militaires survenus au Mali, au Burkina Faso et au Niger, après la rétrocession des bases militaires françaises en Côte d'Ivoire, au Tchad et au Sénégal – l'implantation au Gabon étant essentiellement tournée vers la coopération et l'instruction –, il ne nous reste pour ainsi dire que ce mini-État au potentiel gigantesque. Djibouti développe des infrastructures portuaires et logistiques pour devenir un *hub* régional. Le secteur de l'énergie (projets géothermiques, énergies renouvelables) et le numérique (câbles sous-marins, *data centers*) intéressent les acteurs hexagonaux.

Les fameux câbles continuent de faire parler d'eux : au mois de septembre, certains d'entre eux ont été sectionnés en mer Rouge d'après la firme américaine Microsoft. Ce sabotage a occasionné des perturbations du réseau Internet en Asie et au Moyen-Orient, notamment en Inde, au Pakistan et aux Émirats arabes unis. Il faut compter aujourd'hui avec les initiatives chinoises sur le continent (Djibouti caracole en tête des investissements de Pékin en Afrique), tel le projet massif des nouvelles routes de la soie. Et garder à l'esprit ce qu'écrivait un diplomate occidental dans un document de WikiLeaks : « Djibouti est moins un pays qu'une cité-État commerciale contrôlée par un homme. » Faut-il rappeler que le président Ismaïl Omar Guelleh est en fonctions depuis 1999 ?

L'ancienne Côte française des Somalis a hérité du français comme langue officielle, à côté de l'arabe. La France doit se soucier à présent plus que jamais de Djibouti et de cet espace francophone. Elle contribue à la conception et à la construction d'un musée national à l'emplacement de l'ancienne gare de Djibouti. Inscrite dans le préambule du traité de coopération en matière de défense, qui a été ratifié par le Parlement en juin dernier, la francophonie demeure ce qui lie, au-delà des soubresauts de l'histoire et des conflits actuels, Djibouti avec la France.

1. Oleg Volkoff, « Henri de Monfreid et la mer Rouge », *Revue des Deux Mondes*, juillet 1982.

# CRITIQUES

## LIVRES



## FILMS



## MUSIQUE



## EXPOSITIONS

## Livres
# Jeanneney, discordance des temps
Frédéric Verger

*Une République française. 1870-1940* (1) rassemble une série d'études que Jean-Noël Jeanneney a consacrée tout au long de sa carrière d'historien à la IIIe République. Ensemble remarquable, où le lecteur pourra puiser à loisir et selon son humeur des portraits de figures illustres ou plus oubliées, ou même secrètes, des récits presque balzaciens, comme celui de la faillite du Cartel des gauches, et de nombreux aperçus très vivants et concrets sur la vie économique et sociale ou l'histoire des mentalités.

Mais l'ambition de l'ouvrage ne se réduit pas au plaisir de la variété anthologique. Le titre laisse entendre que cette antique troisième n'est pas une république parmi d'autres, mais que les traits intellectuels et moraux qui l'animèrent, par-delà les limites des hommes ou des institutions, offrent le modèle et les valeurs d'une république *à la française*, rien de moins que le fondement d'un patriotisme bien compris. On sent que l'auteur aimerait que les lecteurs, les citoyens, les politiques de demain, dans la méditation sur quelques grandes figures ou événements décisifs qu'évoque son livre, puissent trouver un moyen de donner un sens à leur action.

Rien d'hagiographique pourtant. La IIIe et son personnel y apparaissent aussi avec leurs petitesses (ainsi du portrait de Mandel, dont la personnalité est d'autant plus héroïque que défauts et mesquineries n'y sont pas gommés). C'est qu'elle ne fut pas tant la république idéale que la république idéaliste, c'est-à-dire celle où s'exprimèrent de façon limpide et naturelle les idéaux républicains. Peu importe qu'ils n'aient parfois été que des mots puisqu'ils faisaient sens pour ceux qui les écoutaient d'une façon plus vive et évidente que depuis son naufrage.

Dans cet ensemble si divers, quelques aspects frappants : d'abord la grandeur et l'importance de la rhétorique. Qu'on aille voir, dans les articles qui leur sont consacrés, les discours de Clemenceau, de Jaurès, mais même, par exemple dans le débat autour de l'impôt, ceux de parlementaires

moins illustres. Quelle subtilité, quelle finesse d'intelligence de raisonnements, qui n'excluent pas d'ailleurs sophismes et mauvaise foi, car ce talent servait souvent à prôner l'immobilisme ou faire croire à l'impossible (qui appela Jaurès le Protagoras de l'utopie ?). Mais, au-delà des opinions, c'est la discipline et la profondeur de cette exigence rhétorique qui conféraient au langage une fonction politique. On comprend, à relire ces discours ou ces essais, que l'éducation rhétorique ne se réduisait pas à la maîtrise d'ornements superficiels et ronflants, mais à celle de tout un appareil de construction logique de raisons, de finesse et nuance de leur exposé, qui faisait d'un bon discours parlementaire un exercice et un modèle de pensée. Ainsi, le parlementaire idéal ne se contentait pas de poser des faits ou d'affirmer des convictions mais apprenait à ceux qui l'écoutaient à penser et à convaincre. On comprend que certains regrettaient à l'époque que les débats ne puissent être suivis par le peuple ; hélas, quand les progrès techniques l'autoriseront, ce sera la rhétorique qui aura disparu.

Marquante aussi tout au long de ces pages l'idée que la République hugolienne, pour le meilleur et pour le pire, a toujours été celle du *en même temps* : stimuler l'invention, l'énergie, la créativité des productions industrielles en même temps qu'assurer la fraternité ; poser comme valeurs les plus hautes productions de l'esprit, récompenser le mérite en même temps qu'affirmer l'égale dignité démocratique des goûts et des êtres. Ces ambivalences peuvent apparaître, au gré des hommes ou des circonstances, sublimes ou grotesques. Le malheureux Herriot semble pour M. Jeanneney la version légèrement bouffonne de ces idéaux : rhétorique creuse masquant l'indécision, factice volontarisme de l'impuissance, agressivité de façade et veulerie de la volonté, la IIIe offre aussi des sujets de méditation sur ce qu'il ne faut pas faire. En face de ce repoussoir, il met en avant les figures de ceux qui ont su concilier ses idéaux et la fermeté des choix : Waldeck-Rousseau et, au premier rang, Clemenceau et les Clemencides, Mandel et Jules Jeanneney. Le texte que l'auteur consacre à son grand-père, qui fut l'un des collaborateurs les plus proches de Clemenceau et présida longtemps le Sénat, est d'ailleurs l'un des plus captivants et profonds du recueil. On y trouve ramassées, dans des évocations vivantes, concrètes des origines et de la vie de Jules Jeanneney, les caractéristiques les plus fortes de la III^e^ : l'ascension sociale liée au travail et à la méritocratie, l'éducation juridique et rhétorique mariée à la compétence financière, la rigueur morale des principes républicains, une capacité à négocier qui n'exclut pas celle de décider. On trouve aussi dans ce portrait l'inquiétude mélancolique du vieil homme qui, après avoir assisté au naufrage de la III^e^ République, contribua à la naissance de la IV^e^. Dans une lettre au général de Gaulle du 1^er^ janvier 1949 où s'exprime la façon dont un homme de la III^e^ considérait le présent et l'avenir, il offre la plus profonde des conclusions au livre de son petit-fils : « Il est peut-être vrai que désormais les démocraties sont fatalement de masse. Mais encore faudrait-il que de ces masses émergent des élites et rien que des élites vraies. Nous en sommes loin, et de plus en plus… » Un peu plus tôt, en 1939, il évoquait aussi d'autres transformations du visage de la République : inflation législative, extension et technicité grandissante du domaine de la loi. On ne peut s'empêcher de considérer que nous sommes aujourd'hui au plein pourrissement du cycle nouveau que sentait naître Jules Jeanneney : présentisme, oubli, critiques ou reprises caricaturales des valeurs républicaines, affaissement du langage dans l'insulte, technicité et spécialisation extrême, c'est peut-être justement parce que l'état des choses semble l'exact opposé des valeurs et des mœurs de la III^e^ qu'il est bon d'y retourner pour comprendre ce que signifiait naguère la république française.

1. Jean-Noël Jeanneney, *Une République française. 1870-1940*, Bouquins, 2024.

## Livres

# Klaus Mann : l'embellie posthume

Stéphane Guégan

Parce que l'imprévisible est de ce monde, les derniers en littérature, le cas échéant, deviennent les premiers. Dans la famille Mann, par exemple, Thomas, Prix Nobel 1929, et Heinrich, l'auteur sous-évalué de *La Haine* (Gallimard, 1933), ont vu leur étoile pâlir récemment en raison de l'éclat de Klaus. Fils du premier et neveu du second, il est chéri des lecteurs du XXI^e^ siècle en mal de rimbaldisme. Les éditions

Grasset (1) ont beaucoup œuvré à la revalorisation du romancier de *La Danse pieuse* (1926) et de *Mephisto* (1936). Ces œuvres forment le diptyque d'une Allemagne quittant les fiévreuses Années folles pour la douche froide du nazisme, l'inquisiteur précoce, avant d'en être le bourreau, des juifs, des homosexuels et des partis de gauche. Rattrapé par ces trois chefs d'accusation, cible autoproclamée de la barbarie en marche, et exilé volontaire dès l'« effraction » d'Hitler en 1933, Klaus (1906-1949) appartient à une autre famille, celle des écrivains de l'entre-deux-guerres, condottières ou dynamiteurs, dont Maurizio Serra a brossé le meilleur portrait, hors des limites de la bonne conscience de nos clercs. *Une génération perdue* (Seuil, 2015) lui réservait son chapitre final (2), et situait son mélange d'hédonisme (privé) et de libéralisme (politique) sur la carte des positions et pulsions familiales. Plus proche en cela d'Heinrich que de Thomas, le Klaus du début, partisan de l'esprit de Locarno et du briandisme de la réconciliation, allié sceptique de la République de Weimar, vibre à ce que lui dictent son goût du sexe et ses addictions aux drogues, mais laisse sa plume en révéler les bonheurs et les noirceurs comme peu alors.

Promis aux premiers autodafés des Chemises noires, ses livres, jusqu'à *Point de rencontre à l'infini* (1932), font montre d'une énergie franco-allemande elle aussi, nourrie de Nietzsche et du poète baudelairien Stefan George autant que de Stendhal, celui de *Lucien Leuwen*, et de Gide, celui de *L'Immoraliste*, des *Caves du Vatican* et des *Faux-Monnayeurs*. Le style de Klaus à fulgurances heurtées n'en diffère pas moins de celui de ses mentors. Au sortir de la guerre qu'il était trop jeune pour avoir faite, retournant la folie meurtrière et techniciste contre elle, il percute la langue en expressionniste assumé, déluré, il ébranle mots et phrases, colore à grandes touches, comme le feraient les peintres qu'il aime et cite, de Beckmann à Nolde. Les cadences goethéennes et les mélismes wagnériens du père n'ont plus qu'à se rhabiller. De ce tumulte volontaire ne résulte pas que des réussites : « Klaus, rongé par le désir de tout expérimenter qui lui semblait traduire la joie de vivre et finit par devenir son contraire, écrit trop et trop vite », conclut Serra. Il y a moins de réserves chez Gilles Collard (3), qui ne cite pas son prédécesseur, et s'intéresse surtout à l'antifascisme de Mann, dont il détaille bien la teneur et les effets multiples. Les apparences sont trompeuses ici, on croyait tenir une biographie, inspirée par le regain d'intérêt évoqué plus haut, il s'agit plutôt d'un essai vif et polémique, quoique généreux en digressions et en considérations qui fleurent parfois le présentisme des livres traitant aujourd'hui des années trente-quarante. Il arrive enfin que la démarche philosophique l'emporte sur l'exposé des faits. Quant à savoir si Klaus préfigure en tout les « sexualités *queer* », chacun jugera cette thèse annoncée en quatrième de couverture.

On ne saurait minimiser, il est vrai, l'homosexualité, s'agissant de l'écrivain, de son entourage et, à l'inverse, de ceux qui firent pencher leur virilisme du côté des chantres de la nouvelle Allemagne. On sait ce que valent les théories visant à réduire le fascisme aux seuls mécanismes de la libido, avouée ou niée. Conscient des dangers inhérents à de telles explications, Collard serre mieux les liens entre idéologie et sexualité, au sujet des sections d'assaut (SA) nazies comme des militants, de droite ou de gauche, d'une dépénalisation des amours homosexuelles. Il rappelle aussi, ou plutôt suggère, que Klaus Mann, attiré à égalité par les adolescents et les hommes de son âge, n'a pas hésité à user des facilités que lui offrait la prostitution masculine en plein essor, la crise étant passée par là. Même les communistes, afin de protéger les ouvriers au chômage condamnés à « faire le trottoir », furent favorables au changement de la législation, obtenue en 1929, et immédiatement rétablie quatre ans plus tard. Le tournant de 1933, largement déterminé par l'incapacité de la gauche et notamment du parti de Moscou à faire front commun, jette sur les routes nombre d'opposants à Hitler. L'heure de la lutte ouverte a sonné pour Klaus, l'heure des entreprises journalistiques et éditoriales de toutes sortes, autant de tribunes du haut desquelles s'abattent ses attaques réitérées des marxistes, leur vision matérialiste de l'existence et leur déni de la part irrationnelle de l'humain. La victoire des nazis avait suscité de la part de Stefan Zweig une réponse comparable en 1933, à la différence près que Klaus, son admirateur, se montra plus inquiet quant à la radicalisation des laissés-pour-compte. Les deux écrivains ne savaient que trop ce qu'il advenait des effets de la misère, des masses humiliées et de la jeunesse privée d'un idéal autre que le confort bourgeois ou le productivisme sans âme. La clairvoyance s'est donc logée chez le plus pessimiste des deux. L'expérience de l'exil devait confirmer le peu d'estime de

Klaus pour la clique des intellectuels portés à jacasser plus qu'à agir : sans parler de ceux qui préférèrent oublier leur hostilité au nazisme et occupèrent des postes lucratifs en terre brune (tel son ex-beau-frère et amant Gustaf Gründgens, le chef de bande du prémonitoire *M le maudit* de Fritz Lang en 1931), il crucifia les surréalistes, croisés à New York en 1938, et l'irresponsabilité morale de leur onirisme. Lui s'engage dans l'armée américaine. Quelques mois avant de se suicider, Klaus regroupe et publie en anglais la dizaine d'essais qu'il avait rédigés sur Gide, son modèle de toujours, à équidistance des droits de l'individu et des devoirs du collectif.

1. Outre ses romans, Grasset a donné une édition partielle du *Journal* des années 1931-1949.
2. Voir https://moderne.video.blog/2015/09/13/le-crepuscule-des-vieux.
3. Gilles Collard, *Klaus. Une vie antifasciste*, Flammarion, 2025. Plus de chronologie et moins d'ellipses n'eussent pas déplu. Des négligences : Catherine Pozzi n'a pas été l'épouse de Paul Valéry, lequel est absent de l'index malgré l'importance du « grand Européen », et du penseur de *La Crise de l'esprit* (1919), pour Klaus Mann.

## Livres
# Cioran, au-delà de la dévotion
Cristina Hermeziu

Pour percer Cioran, l'homme et son œuvre, l'encre a coulé, comme l'eau sous les ponts de la Seine. Les étagères des cioraniens de tous bords plient et alignent, outre une édition dans la Pléiade, établie par Nicolas Cavaillès, d'excellentes études et monographies signées par les essayistes français Stéphane Barsacq, Patrice Bollon ou encore la Roumaine Simona Modreanu, entre autres. La liste s'enrichit d'un nouvel ouvrage, intitulé *Cioran ou le gai désespoir*, qui porte sur la couverture la mention de biographie. Anca Visdei, a écrit de précédents récits de vies célèbres (Jean Anouilh, Orson Welles ou Alberto Giacometti), avant de s'attaquer au parcours exceptionnel de ce « métèque » arrivé de Roumanie au début des années quarante, pour accomplir en France une alchimie linguistique et ontologique. Elle-même d'origine roumaine et réfugiée politique dans les années soixante-dix, Anca Visdei a connu Cioran, « un homme chaleureux », dans son petit antre, rue de l'Odéon à Paris, où « son hospitalité était exquise et sa conversation drôle et brillante » (1). Elle l'a souvent rencontré et surtout, elle a pu décrypter les sept premiers livres publiés par Cioran en roumain avant les dix suivants qu'il va rédiger en français. Condition idéale pour saisir la *mue* de Cioran, du roumain vers le français, du lyrisme au classicisme, de l'exaltation à la lucidité, de l'« agitateur » au « spectateur » (2), du messianisme au scepticisme.

*Cioran ou le gai désespoir* est avant tout une biographie raisonnée doublée d'un portrait chronologique. Les traits de Cioran changent, se précisent et s'affinent à la manière d'un portrait-robot dynamique qui superposerait tous les âges pour rendre spectaculaire l'évolution du visage. Mais la biographe élargit le cadre et dresse systématiquement le tableau d'un groupe – Cioran entouré de ses contemporains sur la toile de fond d'une histoire complexe, celle de l'entre-deux-guerres et du début de la Seconde Guerre mondiale, d'abord en Roumanie, puis en France. Anca Visdei décortique le processus par lequel ses thèmes vont se cimenter en obsessions et décèle la figure stylistique qui préside le quotidien et l'esprit du penseur à chaque tranche de sa vie. C'est ainsi qu'elle critique pertinemment la traduction du premier livre de Cioran, *Sur les cimes du désespoir*. Paru en roumain en 1934, il serait devenu en français un « texte domestiqué », dépourvu « du charme du vocabulaire archaïque et *[des]* expressions proches des tripes et du sens original, celles-là mêmes qui nous éclairent sur le tempérament et la sensibilité du jeune écrivain » (3). La biographe croque le jeune Cioran en personnage dostoïevskien qui, avec son « insatiable désir de gloire » et son caractère provocateur, multiplie les envolées délirantes et les adhésions périlleuses. Les chapitres qui analysent son positionnement dans les années où la Garde de fer en Roumanie et Hitler en Allemagne instauraient un régime criminel sont hautement poignants.

Des photos décrites par un œil anthropologique et psychanalytique, des lettres et cahiers épluchés finement et des anecdotes personnelles favorisent un portrait « en sang et en os ». La mère de Cioran qui, sur une photo de 1912, tient son beau bébé dans les bras, vêtue à l'occidentale, très moderne pour une épouse de pope, réapparaît quelques chapitres plus loin dans un portrait au vitriol. Anca Visdei retourne à dessein la lettre de la mère annonçant à Cioran la mort de son père et découvre sur le verso la description d'aiguilles de machine à coudre qu'elle réclame à son fils.

Lucidité et ton mordant sont évidents lorsque elle rappelle alors ce que Kertész décelait au cœur (brisé ?) de l'œuvre de Cioran, « les sanglots impuissants d'un enfant profondément blessé » (4).

C'est le sel et le poivre de cet essai biographique : Anca Visdei procède par une écriture à l'ironie manifeste, en questionnant souvent les propos et les agissements de Cioran, en les comparant avec ceux de son entourage – parents et amis, écrivains et critiques littéraires –, en y pointant les incohérences ou les partis pris. Mais elle ramasse aussi les « superbes fulgurances » d'une œuvre qui ne cesse de ciseler cette certitude unique – l'absurdité de l'existence. Un Cioran psychanalysé, ironisé et démystifié préserve Anca Visdei d'être une biographe amoureuse. Pourtant, il y existe un portrait lumineux, qui n'a point d'ombre : « bien qu'il se soit toujours présenté comme un "ascète solitaire", Simone est la cariatide de ce minuscule temple dont Cioran est le fronton » (5). Simone Boué, la compagne du philosophe, discrète dans leur vie de couple, discrète dans les 460 pages de l'ouvrage, reçoit, par ricochet, toute la dévotion de la biographe de Cioran.

1. Anca Visdei, *Cioran ou le gai désespoir*, L'Archipel, 2025, p. 14.
2. *Idem*, p. 223.
3. *Idem*, p. 62.
4. *Idem*, p. 256.
5. *Idem*, p. 287.

## Livres
# Double identité
Michel Delon

On connaît les faux Dimitri, fils prétendus d'Ivan le Terrible, ou, plus près de nous, les faux Louis XVII, rescapés de la Terreur. Les troubles politiques et l'instabilité du pouvoir suscitent ces vocations. Les escrocs et les usurpateurs sont légion pour profiter de la situation. Le vertige de la connexion informatique fonctionne aujourd'hui tout comme l'ancienne difficulté de communication autrefois : l'absence de journaux encourageait les rumeurs, les écrans facilitent le maquillage et la substitution des personnes. Mais notre modernité connaît d'autres changements d'identité. Jusqu'où l'individu peut-il définir sa propre personnalité ? André Gide, dans l'effervescence des *Nouvelles Nourritures terrestres*, nous enjoignait d'échapper aux modèles familiaux et sociaux : « Ose devenir qui tu es. » Aurait-il imaginé des jeunes gens transitant d'un genre à l'autre, ou récusant toute assignation à un genre particulier ?

En 2000, Philip Roth a mis en scène un jeu d'identité dans *La Tache*. Un universitaire américain se voit accusé de racisme pour avoir traité de zombies deux étudiants dont il ignorait qu'ils étaient noirs. Il ne se bat pas contre ses détracteurs et préfère prendre une retraite anticipée. C'est que l'accusation rejoint sa propre imposture : il a renié ses origines noires pour faciliter sa carrière et n'a jamais réfuté ceux qui le disaient juif. Astrid von Busekist (1) part de ce roman pour s'interroger sur ces passeurs qui changent d'identité et sur nos contradictions à leur égard. Elle établit un parallèle entre le personnage de Philip Roth et la polémique provoquée par la prise de position d'Hannah Arendt en 1959 à propos de la ségrégation dans les écoles publiques outre-Atlantique. La Cour suprême avait condamné la ségrégation, certaines autorités locales la rétablirent. Hannah Arendt prend parti pour les mariages mixtes entre Noirs et Blancs, mais appelle à ne pas forcer l'opinion locale en envoyant des enfants noirs dans des écoles blanches. Dénoncée comme raciste, voire suprémaciste blanche, elle se défend en tant que juive, forcément solidaire des luttes noires pour l'égalité. Mais l'esclavage est un crime contre l'humanité et serait le crime originel de la civilisation américaine. Hannah Arendt était-elle en droit de s'exprimer au nom de tous les opprimés ?

Dans les États américains et les provinces canadiennes où une ségrégation positive est prévue en faveur des populations noire et autochtone, plusieurs enseignants dans des filières d'études consacrées à ces traditions culturelles ont été démasqués comme imposteurs, s'arrogeant une identité qu'ils ne pouvaient prouver ou que les institutions représentant ces communautés n'ont pas reconnue. Leur action militante et leur compétence scientifique leur donnent-elles le droit de changer de race comme certains peuvent transiter d'un genre à l'autre ? Peut-on devenir noir ou autochtone par mérite ? Si la race est moins une réalité biologique qu'une construction sociale, ne peut-on être transfuge de race ? Ou bien la race demeure-t-elle la propriété de la communauté qui en délivre le certificat comme un État définit la citoyenneté ? Quels sont alors les critères qui caractérisent cette identité ?

L'imposture devient vertigineuse lorsqu'un citoyen suisse prend le nom de Wilkomirski pour devenir l'auteur à succès d'une autobiographie, totalement fictive, d'enfant juif rescapé du génocide (2), lorsqu'une citoyenne belge prend le nom de Misha Defonseca pour publier *Survivre avec les loups* (1997), traversée de l'Europe d'une enfant échappant pareillement au massacre, lorsqu'un citoyen espagnol, Enric Marco, impose à l'opinion de son pays son histoire de déporté et devient porte-parole de la résistance espagnole. Dans chacun de ces cas, le succès est au rendez-vous, des voix autorisées apportent leur caution avant que le doute s'installe parmi les historiens et que l'imposture soit révélée et psychologiquement expliquée : Wilkomirski est un enfant abandonné et adopté, Misha Defonseca la fille d'un résistant belge qui aurait trahi son réseau, Enric Marco un jeune travailleur volontaire en Allemagne, autant de traumatismes personnels changés en épopée individuelle, autant d'inventions compensatoires, flattant la mauvaise conscience de tout un peuple et transformant l'horreur en un scénario kitsch, simpliste, anhistorique, avec ses bons et ses méchants. Finalement, *Survivre avec les loups* n'est plus réédité comme témoignage mais comme roman, et la vie d'Enric Marco nourrit la fiction du romancier Javier Cercas, *L'Imposteur* (2014). La littérature reprend ses droits.

On connaît les avertissements en tête de roman : le présent récit est une fiction, toute ressemblance avec des personnes réelles ne saurait être qu'une coïncidence. L'essai d'Astrid von Busekist, richement documenté, débouche sur une double exigence : le respect de l'histoire et le droit de l'individu. Alors qu'on se réclame sans cesse d'un devoir de mémoire, il faut aujourd'hui revendiquer un devoir d'histoire. La mémoire oppose des communautés, seule l'histoire avec des règles critiques peut être partagée par tous. Parallèlement, l'individu a le droit d'exister en dehors de ses ancêtres, la littérature de déployer des fictions et le théâtre de porter des masques dont aucune communauté ne peut prétendre détenir l'exclusivité. Double combat qui est loin d'être gagné d'avance.

1. Astrid von Busekist, *L'Ère des impostures*, Albin Michel, 2025.
2. Binjamin Wilkomirski, *Fragments. Une enfance 1939-1948*, Calmann-Lévy, 1997.

## Films
# Wim Wenders, le maître
Richard Millet

Passant près de Notre-Dame, devant ces édicules que le génie populaire appelait « pissotières » et l'ère technocratique, « Sanisette », il m'est venu le désir non de m'y soulager mais de regarder enfin *Perfect Days*, le dernier film de Wim Wenders. Cette commande de la ville de Tokyo pour The Tokyo Toilets, ces toilettes publiques dessinées par de grands architectes, Wenders, qui ne répugne pourtant pas au documentaire (ceux sur la danseuse Pina Bausch et le sculpteur Anselm Kieffer sont remarquables), l'a détournée au profit d'une fiction, dont le cadre reste néanmoins les novatrices toilettes du quartier tokyoïte de Shibuya. On suivra donc les journées de Hirayama (Koji Yakusho), quinquagénaire chargé de l'entretien des lieux, qui accomplit sa tâche avec ponctualité et scrupule. Ascétique, la vie de ce divorcé sans enfants est pleine de ces rites grâce auxquels l'armature du quotidien défie l'insupportable. Ce solitaire taciturne a un goût très vif pour la musique pop américaine des années soixante, ce qui accroît sa marginalité, tout comme la lecture des romans de William Faulkner ou de Patricia Highsmith, et aussi la photographie en noir et blanc, exclusivement dédiée aux arbres du parc où il va prendre son déjeuner. La fugue que fait sa nièce qui se réfugie chez lui perturbera-t-elle l'immuable ? L'important n'est pas là, ni dans le passé de cet homme qui fut tout autre que ce qu'il est, mais dans la notion de service public, les toilettes n'étant pas là un lieu négatif, comme en Occident, mais, au contraire, un endroit où se sentir à l'aise, havre de paix et de dignité, voire d'égalité, qu'on ne trouve, à ce degré de mystique sociale, que dans la civilisation japonaise. Ainsi assiste-t-on, fasciné, à chacun des gestes par lesquels Hirayama tient propres ces vespasiennes à la fonctionnalité et au design remarquables, Wenders esquissant tout à la fois le portrait d'un homme secret et celui d'un quartier de Tokyo, loin des touristes et des clichés.

C'est de Patricia Highsmith, justement, que le cinéaste avait tiré le sujet de *L'Ami américain* en 1977, reprenant le trouble personnage de

Tom Ripley, ici joué par Dennis Hopper, qui s'occupe de la vente de tableaux du peintre Derwatt (Nicholas Ray), censé être mort mais qui continue à produire secrètement. À Hambourg, au cours d'une vente aux enchères, Ripley rencontre Jonathan Zimmermann (Bruno Ganz), encadreur et restaurateur de tableaux atteint d'une leucémie. Ripley en parle à Minot, gangster français qu'interprète un Gérard Blain non moins inquiétant, qui lui propose une forte somme en échange d'un meurtre que Zimmermann ira commettre à Paris – l'argent devant permettre à son épouse et à son fils de survivre après sa mort sans doute proche. La spéculation sur le posthume : tel est le thème profond de ce film à la noirceur traversée d'éclairs, au sein d'espaces mentaux où se mêlent l'espoir de faire le bien et l'exercice du mal absolu, l'un et l'autre parfois aux frontières incertaines, comme Ripley, tentateur autant qu'ange gardien de Zimmermann, dans un Hambourg hivernal et sombre, avec une échappée dans le Paris des années soixante-dix et une infernale descente dans le RER, à la Défense. Que le film reçoive la patine ou la suie du demi-siècle qui le sépare du nôtre joue aussi en sa faveur, outre les comédiens, presque tous disparus, parmi lesquels les réalisateurs américains Nicholas Ray et Samuel Fuller, grands auteurs de films noirs, et les très singuliers Français que furent Gérard Blain et Jean Eustache. Autant de signes émis en hommage à l'histoire du cinéma, dont Wenders est aujourd'hui l'un des maîtres.

De *L'Ami américain* à l'espace américain, Wenders franchit le pas avec *Paris, Texas*, sorti en 1984, son chef-d'œuvre, et l'un des plus beaux films de l'histoire du cinéma. C'est du désert de Mojave, aux confins de la Californie du Sud et du Nevada, que surgit un homme mourant de soif (Harry Dean Stanton), et qui s'effondre dans un bar miteux. Sur lui, le numéro de téléphone, à Los Angeles, de son frère, Walt Henderson (Dean Stockwell), qui vient chercher Travis, disparu depuis quatre ans, après avoir abandonné à Walt et à Anne, son épouse (Aurore Clément), Hunter, âgé de 3 ans, le fils qu'il a eu avec Jane (Nastassja Kinski) et qui est dès lors élevé comme leur fils, sans qu'il ignore son origine. *Paris, Texas* est une histoire de fuite et d'abandon, comprend-on peu à peu, à travers l'énigmatique Travis, d'abord muet, qui refuse de prendre l'avion pour rentrer à Los Angeles, et reprend sa marche dans le désert. Dans cette partie du film, Wenders sacrifie au genre du *road movie*, avec ses motels, enseignes kitsch au néon, longues voitures des années soixante-dix, personnages déclassés, et à quoi la lancinante guitare de Ry Cooder contribue magnifiquement. Mais dès que Travis regagne Los Angeles et retrouve son fils, peu à peu *réhumanisé* par lui, l'errance devient quête : celle de Jane et des raisons pour lesquelles elle a, elle aussi, disparu, après avoir confié Hunter à son beau-frère. Travis expie une faute. Quand il retrouve Jane dans un *peep show* où, derrière un miroir sans tain, celle-ci vend sa nudité, le génie de Wenders et de son scénariste, l'écrivain Sam Shepard, élève la cabine au même rang que le palais d'Elseneur, dans *Hamlet*, ou de celui de Titus, dans la *Bérénice* de Racine. C'est là qu'on comprend ce qui a motivé l'abandon et la fuite, et la dimension sacrificielle de Travis prend tout son sens quand il ramène son fils à sa mère, sans l'avoir revue autrement qu'à travers la vitre sans tain ni lui avoir parlé autrement que par le téléphone de la cabine – symboles d'une séparation que notre monde connecté poussera à l'excès. Il y a des féministes pour critiquer aujourd'hui la « passivité » de Jane devant un homme violent et « toxique » ; c'est tirer l'histoire vers l'anachronisme *woke*. Que le cinéma puisse offrir à l'intemporel de la mémoire collective la déchirure d'un homme mûr devant l'immarcescible beauté de Nastassja Kinski relève du miracle de l'art. Cela seul compte.

## Musique

# Le « messiaenisme » est un humanisme

Olivier Bellamy

J'ai un aveu à faire. Un aveu pénible. Je n'ai jamais eu l'occasion ni la curiosité d'écouter *Visions de l'Amen* d'Olivier Messiaen – alors que j'aime beaucoup *Vingt regards sur l'Enfant Jésus* et *Trois petites liturgies de la présence divine*, les deux autres volets de la trilogie. J'ai conscience de la gravité des faits, mais je compte sur la discrétion des lecteurs de la *Revue des Deux Mondes* pour ne pas ébruiter l'affaire. Recevant par la poste le CD de l'œuvre dénonçant mon inculture crasse, dans le nouvel enregistrement de Michel Béroff et Marie-Josèphe Jude (1), j'ai estimé qu'il était temps de mettre fin à cette impasse ridicule. J'ai donc écouté *Visions de l'Amen.* Quelle splendeur ! Quelle musique ! Parmi ceux qui liront ces lignes, s'il s'en trouve qui ne la connaissent pas encore, qu'ils se préparent à un choc aussi visuel qu'auditif. Babylonien ! Ninivite ! C'est un feu d'artifice en Galilée. Un concert d'oiseaux à Bethléem. Un orchestre dans les flots de la mer Rouge. Plusieurs versions sont à la disposition du mélomane, mais je serai fidèle au merveilleux couple d'artistes qui m'a initié à l'œuvre.

*Visions de l'Amen* a été créé en 1943 par Yvonne Loriod et le compositeur récemment libéré du Stalag VIII à Görlitz. Il y avait composé *Quatuor pour la fin du Temps* joué en captivité par Étienne Pasquier (violoncelle), Jean Le Boulaire (violon) et Henri Akoka (clarinette), ses compagnons de cellule, et lui au piano. De retour à la vie civile, il a repris la suite de la classe d'harmonie d'André Bloch, écarté par les lois antisémites. Au Conservatoire, il a fait la connaissance d'Yvonne Loriod, mais n'a pu l'épouser qu'en 1961, après la mort de sa première femme. *Visions de l'Amen* est né lors des Concerts de la Pléiade fondés par Gaston Gallimard en un acte de résistance artistique. Jacques Schiffrin, le fondateur de la collection, avait fui la France pour les États-Unis avec l'aide d'André Gide. Il avait épousé la pianiste Youra Guller.

*Visions de l'Amen* est en sept parties. L'*Amen de la Création*, l'*Amen des étoiles et de la planète à l'anneau*, l'*Amen de l'agonie de Jésus*, l'*Amen du désir*, l'*Amen des anges, des saints et du chant des oiseaux*, l'*Amen du Jugement* et l'*Amen de la Consommation*. L'œuvre commence et finit en *la* majeur, tonalité « bleue » pour Messiaen, atteint de synesthésie. Trois parties sont dans le mode mineur selon un plan tonal classique. Olivier Messiaen avait confié le premier piano à Yvonne Loriod, lui réservant « les difficultés rythmiques, la vélocité, le charme et les effets sonores ». Au deuxième piano, il avait en charge « la mélodie, l'émotion et la puissance ». Michel Béroff est au premier piano, riche en grappes d'accords et en chants d'oiseaux, Marie-Josèphe Jude joue la partie de Messiaen. Comme un poisson dans l'eau dans ce répertoire ultra-virtuose, Michel Béroff a rencontré Messiaen à 11 ans. Familier de l'appartement du 230, rue Marcadet, à Paris, il a entretenu une relation intime avec cette musique orgiaque et a remporté à 17 ans le Concours Olivier-Messiaen de Royan qui a lancé sa carrière.

Influencé par Mozart, Liszt, Wagner et Debussy, Messiaen est aussi nourri de rythmes hindous et de métrique grecque. Son père était traducteur de Shakespeare et sa mère, poétesse. Voilà pour le milieu dans lequel il a grandi. Pour saisir l'ampleur de son inspiration, on peut aller admirer les montagnes du pays de la Meije où se déroule chaque année un festival Messiaen. Le compositeur a longtemps tenu les orgues de l'église de la Trinité, à Paris. Ses improvisations auraient achevé Donald Trump. Toute son œuvre est dédiée à la foi chrétienne et aux oiseaux. La vie l'a donc gâté en le nommant « Messiaen » et en plaçant « Loriod » sur sa branche. De fait, tout converge vers son opéra *Saint François d'Assise*, « le saint qui ressemble le plus au Christ et qui parlait aux oiseaux ». Composé en huit ans, il a été créé en 1983 à l'Opéra de Paris sous la direction de Seiji Ozawa.

Tchaïkovski n'était pas la tasse de thé d'Olivier Messiaen. Il préférait Moussorgski. De même, on ne peut pas dire que *Les Saisons* (2), cycle de douze pièces salonnardes illustrant les douze mois de l'année, soit un chef-d'œuvre. Ces piécettes sans prétention émeuvent les Russes et laissent généralement les Français de marbre. En peu de temps, deux des plus grands virtuoses de la planète viennent de l'enregistrer : le Canadien Bruce Liu (vainqueur du Concours Chopin de Varsovie en 2021), la nouvelle coqueluche des scènes internationales, et le Coréen Yunchan Lim (médaille d'or du Concours Van Cliburn en 2022). Alors qu'il vient de donner une version grandiose et habitée des *Variations Goldberg* au Festival de La Roque d'Anthéron, Yunchan Lim s'offre-t-il une récréation avec ce bouquet de pièces mineures ? Pas du tout. Doté d'un sens artistique poussé, il nous livre une réflexion profonde sur le temps qui passe et nous force à réévaluer le cycle tchaïkovskien. Dans le texte de présentation qu'il a lui-même écrit, on sent l'admiration qu'il porte à ces tableautins et qui se reflète dans la finesse de son interprétation.

Chef de file de la musique minimaliste américaine, Philip Glass a réussi à toucher un large public (notamment au cinéma et à l'opéra) tout en se maintenant dans une perspective classique exigeante. Évitant les facilités de la musique populaire et les clichés de la musique contemporaine, Vanessa Wagner, qui entretient une relation ancienne avec ce répertoire, vient d'enregistrer le cycle complet de ses *Études* (3), deux cahiers de dix pièces chacun écrits sur vingt ans. Elle donne à ces pages hypnotiques la beauté d'un paysage naturel.

1. Olivier Messiaen : *Visions de l'Amen*, Michel Béroff, Marie-Josèphe Jude (pianos), 1 CD Scala Music.
2. Piotr Ilitch Tchaïkovski : *The Seasons*, Yuncham Lim (piano), 1 CD Decca.
3. Philip Glass : *The Complete Piano Etudes*, Vanessa Wagner (piano), 2 CD InFiné Music.

## Expositions

# Jacques-Louis David : le langage de l'héroïsme

Robert Kopp

La dernière grande exposition David avait été organisée en 1989, à l'occasion du bicentenaire de la Révolution française, par Antoine Schnapper et Arlette Sérullaz, au Louvre et à Versailles (1). Une autre, bien moins ambitieuse, a eu lieu au musée Jacquemart-André, à Paris, en 2005 (2). Quel est l'apport de celle qu'ont préparée Sébastien Allard et Côme Fabre pour le bicentenaire de la mort du peintre (3) ?

Mettant l'accent sur la dimension politique de la peinture de David et sur son art du portrait, l'exposition fait le point des recherches consacrées à un des peintres les plus étudiés de toute l'histoire, en France et à l'étranger (4). Mais, surtout, et avant toute chose, elle nous procure le plaisir d'être face aux originaux de quelques-uns de ses tableaux les plus célèbres. Trop célèbres, sans doute, tant ils ont été galvaudés par la reproduction. Ils nous viennent des quatre coins du monde. Parmi eux, le *Marat assassiné*, une des icônes de la peinture moderne, conservée aux Musées royaux des Beaux-Arts de Bruxelles, la ville où David a terminé ses jours et où il est enterré. Après la chute de l'Empire, celui qui avait été le peintre officiel de Napoléon, mais aussi de la Convention, et qui, comme conventionnel, avait voté la mort du roi pour lequel il avait travaillé auparavant, fut contraint à l'exil. Et aucun gouvernement de la Restauration n'a osé imposer le retour à Paris du « père de l'École française ».

Le *Marat*, dont le Louvre et Versailles possèdent des copies, lui avait été commandé par la Convention, en 1793. Il avait été accroché dans la salle de séance, à côté du portrait d'un autre martyr de la Révolution, Le Peletier de Saint-Fargeau, qui lui avait été demandé quelques mois plus tôt. Après la chute de Robespierre, dans laquelle il a failli être emporté, David a réussi à récupérer ses toiles, et il les a gardées dans son atelier jusqu'à sa mort. Or, seul le *Marat* nous est parvenu, de *Le Peletier sur son lit de mort* il ne subsiste qu'un dessin préparatoire (le tableau aurait été détruit par la famille, désirant effacer le souvenir d'un ancêtre régicide).

Ce n'est qu'en 1846 que les Parisiens ont pu le revoir, avec dix autres tableaux de David, entourés de toiles d'Ingres, de Gros, de Gérard, de Girodet, de Guérin, dans le cadre d'une grande exposition du Bazar Bonne-Nouvelle, organisée au profit de la Caisse de secours et pensions de la Société des artistes peintres, sculpteurs, graveurs, architectes et dessinateurs, fondée par le baron Taylor. C'est là que le jeune Baudelaire, qui avait vainement cherché au Salon des tableaux représentant la vie moderne, susceptibles de rivaliser avec les romans de Balzac, découvre le « chef-d'œuvre de David ». Il saisit immédiatement la double référence que David fait au héros antique et à la *pietà*. Mettant son art délibérément au service de la politique, le peintre voulait-il s'adresser à plusieurs publics en même temps, au public cultivé par l'allusion à l'Antiquité, au public populaire à travers une imagerie chrétienne (5) ?

L'Antiquité et le Caravage : David ne cesse de puiser à ces deux sources, surtout depuis son séjour à l'Académie de France à Rome, où il avait enfin été admis, en 1775, après trois échecs (d'où sa rancœur contre le système académique). Or, c'est à Rome qu'il s'est constitué le répertoire de formes qu'il utilisera tout au long de sa carrière.

De retour à Paris, c'est *Bélisaire demandant l'aumône*, présenté au Salon de 1781, qui lui vaudra d'entrer à l'Académie et de se voir octroyer un atelier ainsi qu'un appartement au Louvre. Il a désormais le droit de prendre des élèves, qui l'aident à répondre aux commandes (et à exécuter les nombreuses copies qui contribueront à la renommée de ses tableaux). Il en formera plus de quatre cents, en quarante ans de carrière, ce qui en dit long sur son influence dans l'histoire de la peinture pendant tout le XIX$^{e}$ siècle, voire au-delà (6).

Dans tous les pays, depuis les années 1750, la mode est à l'antique. On délaisse le baroque et le style rocaille, pour se tourner à nouveau vers l'art grec et romain. La découverte de Pompéi et d'Herculanum n'est pas étrangère à cette évolution, ni les théories de Winckelmann, qu'ont faites leurs les Caylus, Cochin le Jeune, Soufflot et autres (7). Répondant aux commandes du directeur des Bâtiments du roi, le comte d'Angiviller, David participe tout naturellement, avec le génie qui est le sien, à la célébration de la grandeur morale des hommes de l'Antiquité – au départ pour l'édification des sujets du roi, puis pour celle des citoyens de la Révolution et, enfin, pour les contemporains du Directoire et de l'Empire. À la faveur du centenaire de la mort de Corneille, il expose, au Salon de 1785, *Le Serment des Horaces*, puis, au Salon de 1789, *Les Licteurs rapportant à Brutus les corps de ses fils*. Non pas l'assassin de César, mais Brutus l'Ancien, le fondateur légendaire de la République romaine, qui, faisant passer la vertu civique avant l'amour d'un père, a fait assassiner ses propres fils qui avaient conspiré contre leur pays. Rattrapé par la Révolution, à laquelle David s'était aussitôt rallié, il présente son tableau à nouveau deux ans plus tard. Sa lecture est alors différente : Brutus est devenu le défenseur de la liberté contre le despotisme. Ce qui reste inchangé, c'est l'*exemplum virtutis*, l'exaltation de la force d'âme qui fait le héros.

David aura ainsi traversé tous les régimes, de la Monarchie à la Révolution, du Consulat à l'Empire, s'engageant politiquement à chaque étape. Alors, David opportuniste ? Sans doute, mais aussi soucieux de réconciliation nationale, comme le suggère, par exemple, le tableau des *Sabines*, le seul qui ne soit pas le résultat d'une commande, montré en 1799 au Louvre, à l'occasion d'une exposition payante. Est commune aux œuvres des différentes époques une même conception héroïque de l'homme, telle qu'elle transparaît de manière exemplaire dans le portrait équestre de *Bonaparte franchissant le Grand-Saint-Bernard* ou dans celui de *Napoléon en costume impérial*. Ce dernier tableau n'était pourtant pas du goût de l'Empereur. Ce n'est finalement pas David, le peintre du *Sacre*, mais son élève Gérard, qui sera chargé du portrait officiel de l'Empereur, dont des copies seront envoyées dans toutes les cours européennes.

Autre temps fort de l'exposition : les nombreux portraits de la nouvelle élite issue de la Révolution, dont ceux de son beau-frère, avocat, et de sa belle-sœur, Pierre et Émilie Sériziat, celui de Juliette Récamier, alors épouse d'un riche banquier lyonnais, ayant participé au financement du coup d'État du 18 Brumaire. On est frappé par la relative familiarité des poses de tous ces modèles, et par l'attention donnée à leurs costumes, rendus avec une précision toute réaliste. David n'est certes pas un peintre de la vie privée, mais il est sensible aux changements d'une époque qui peu à peu renonce à la théâtralité de la vie publique au profit d'une vie quotidienne, réclamant une égale attention. On sent que Rousseau est passé par là… ce qui n'empêche pas la grande peinture d'histoire d'avoir encore de beaux jours devant elle. Mais David a compris qu'il existe désormais de nouveaux commanditaires qu'il convient de satisfaire. Il aura su représenter cet « héroïsme de la vie moderne » dont parle Baudelaire dans son *Salon de 1845*, en montrant « combien nous sommes grands et poétiques dans nos cravates et nos bottes vernies ».

1. Antoine Schnapper (dir.) et Arlette Sérullaz, *Jacques-Louis David 1748-1825:* catalogue de l'exposition rétrospective, Louvre-Versailles 1989-1990, Réunion des musées nationaux, 1989.
2. Nicolas Sainte Fare Garnot (dir.), *Jacques-Louis David 1748-1825:* exposition du 4 octobre 2005 au 31 janvier 2006, Musée Jacquemart-André, Chaudun, 2005.
3. Sébastien Allard (dir.) et Côme Fabre, *Jacques-Louis David,* Musée du Louvre, 15 octobre 2025-26 janvier 2026, Musée du Louvre-Hazan, 2025.
4. Dernière monographie en date d'une littérature très abondante: David Chanteranne, *Jacques-Louis David. L'empereur des peintres*, Passés/Composés, 2025.
5. Idée défendue, entre autres, par Jörg Traeger, *Der Tod des Marat. Revolution des Menschenbildes*, Prestel, 1986, et Klaus Herding, « Davids "Marat" als "dernier appel à l'unité révolutionnaire" », in *Im Zeichen der Aufklärung. Studien zur Moderne*, Fischer, 1989, p. 71-94.
6. Voir Thomas Crow, *L'Atelier de David. Émulation et Révolution*, Gallimard, coll. « Bibliothèque illustrée des histoires », 1997.
7. Voir Marc Fumaroli, « Retour à l'antique. La guerre des goûts dans l'Europe des Lumières », in *Lire les arts dans l'Europe d'Ancien Régime*, Gallimard, 2019, p. 276-321.

# NOTES DE LECTURE

## LITTÉRATURE

### **Un train pour la fin du monde** de Daniela Rațiu, traduit par Florica Courriol, Grasset, 352 p., 24 €

Le début de ce roman est insoutenable. Hagards, des humains traquent d'autres humains, comme des charognards. Après la fin de la Seconde Guerre mondiale, les Roumains doivent envoyer richesse et nourriture en URSS. La dette de guerre imposée par Staline pèse encore plus lourdement alors que la sécheresse sévit depuis deux ans dans les villages de la Bessarabie, fauchant les plus fragiles, rendant fous les autres. Les trains chargés de victuailles à destination de la Russie stalinienne s'arrêtent dans de petites gares où des villageois à bout de force les attaquent. Geste suicidaire, car le convoi est défendu par des soldats russes, brutaux, criminels. Rarement, il arrive qu'un wagon de blé soit détaché et laissé à la population locale qui, une fois le reste du train parti, attend, exorbitée, l'ouverture des portes et le partage des céréales. Mais l'histoire est cruelle et Daniela Rațiu ne l'adoucit pas : en lieu et place de blé, le wagon est rempli, leurre cynique, de centaines de livres, de manuels techniques. Que faire avec ? Pendant quelque temps, les survivants de la famine vont se réchauffer en brûlant dans leurs poêles des pages écrites en cyrillique.

Ce n'est qu'un épisode parmi d'autres de ce roman de la survie, illuminé par des soubresauts d'espoir d'une charge émotionnelle d'autant plus terrible que l'histoire est documentée à la source. Romancière et journaliste née à Brasov, en Roumanie, Daniela Rațiu est la petite-fille des protagonistes, Stefan et Saveta. Dans ce roman-mémorial, Stefan travaille loin de chez lui, avec sa fille aînée, à la construction d'un tunnel pour la voie ferrée. Sa femme, Saveta, et les plus jeunes sont restés dans ce village maudit de Moldavie, décimé par la famine et terrifié par les soldats russes. Les phrases courtes tombent comme des hachoirs. La gorge nouée, on poursuit la lecture le souffle court, comme pour rattraper le dernier wagon d'un train de vie.

**Cristina Hermeziu**

### **Je voulais vivre** d'Adélaïde de Clermont-Tonnerre, Grasset, 480 p., 24 €

Oser s'emparer du mythe dumasien des *Trois Mousquetaires* pour en extraire le personnage le plus maudit et lui rendre justice : il fallait de l'audace et plus encore du talent. Fort heureusement, Adélaïde de Clermont-Tonnerre possède l'un et l'autre, relevés d'une pointe d'insolence qui distingue les vrais écrivains des simples fabricants de prose. Son intuition première ? Et si Milady, honnie par des générations de lecteurs, n'était que le fruit vénéneux des monstruosités qu'on lui avait fait subir ? Pis : et si Dumas n'avait vu dans cette figure féminine que le masque, jamais le vrai visage ? Sous sa plume alerte, l'icône du mal absolu se dépouille de ses oripeaux pour n'être qu'Anne de Breuil :

orpheline livrée à la violence, femme marquée par l'humiliation, mère brisée par la perte d'un enfant, qui ne devient Milady de Winter que par instinct de survie. Paradoxe délicieux : c'est en lui restituant sa part d'ombre que notre romancière la rend enfin libre. Ni monstre à abattre ni victime à plaindre mais une femme qui a aimé, souffert, combattu. Qui voulait vivre sa vie et qu'on a tuée de l'avoir trop vécue. Qu'on ne s'y méprenne pas : la narratrice ne verse ni dans l'angélisme béat ni dans la morale facile. Milady n'est pas blanchie, elle est comprise. Ses crimes ne sont pas niés, ils sont expliqués. Elle lui accorde, au fond, ce privilège depuis toujours seulement acquis aux hommes : le droit à la contradiction. Résultat ? Un roman comme on en fait peu, ambitieux sans prétention, érudit sans pédanterie, moderne sans anachronisme. Nous sommes dans le récit de cape et d'épée, avec ses codes et ses plaisirs, mais aussi dans une profondeur psychologique que Dumas, pressé par ses feuilletons, n'avait pas toujours le temps d'explorer. Le procédé le plus habile demeure peut-être ces interpellations au grand Alexandre, auquel notre femme de lettres assène ses reproches, le mettant face à ses silences et ses quelques lâchetés. Comme si, enfin, Milady pouvait répondre à son créateur. De quoi donner envie de relire l'écrivain tout en savourant ce beau roman qui se suffit à lui-même. Preuve éclatante de la maîtrise de Clermont-Tonnerre, décidément capable de tout, surtout de nous faire aimer celle que nous détestions. Non par sensiblerie, mais par intelligence du cœur. Les dévots du canon hurleront au blasphème ? Qu'importe. Ici, l'audace ne fait pas scandale, elle fait l'évidence. Au terme de cette lecture jubilatoire, une certitude s'impose : la postérité de cette Milady réhabilitée. **Ayrton Morice Kerneven**

## **Brutes** de Dizz Tate, traduit par Madeleine Nasalik, Éditions de l'Olivier, 272 p., 22,50 €

Elles sont le plus souvent désignées par le pronom « on », plutôt qu'individualisées chacune par leur prénom, leur identité et leur sensibilité propres : c'est qu'elles avancent dans la vie en bande. Foncer vers l'ennui ou la catastrophe est toujours mieux à plusieurs. Leila, Britney, Jody, Hazel, Isabel et Christian habitent une petite ville de Floride, ont 14 ans, de longs cheveux derrière lesquels elles se cachent et un pied dans l'enfance, l'autre dans l'avenir. « On s'habille avec soin. On veut en mettre plein la vue sans que nos efforts soient trop flagrants. On veut avoir l'air désinvolte *[...]* On colorie nos lèvres et on les fait briller avec du gloss. On sourit. On scintille. On a l'impression de ne pas exister. » Leur hantise ultime ? La solitude et son corollaire, l'anonymat. Elles pensent avoir trouvé le remède en étant toujours ensemble, mais le sentiment de solitude s'accroche. Alors, elles se cramponnent encore plus fort les unes aux autres. Leur principale activité ? Observer (espionner) depuis les fenêtres de leurs chambres, munies de jumelles. Ainsi sauront-elles peut-être la vérité

sur la disparition de Sammy Liu-Liu, lui aussi 14 ans, dont elles enviaient les succès au collège. Leur jalousie est froide et dure. « Personne ne nous touche, et on brûle d'envie d'être touchées. Chaque fois que quelqu'un nous a touchées, on l'a dit aux autres. » Elles sont « brutes », comme les qualifient leurs mères, à qui elles ne veulent pas ressembler, mais dont elles seront bientôt des clones. Brutes, telles des pierres précieuses non taillées. « Après quoi on finira nos verres, on videra les bouteilles et on se dépêchera vers nos vies poussiéreuses et les imbéciles qu'on a choisis pour les décorer. On passera nos journées à faire semblant d'être heureuses, parfois avec succès. » Coup de maître, le premier roman de Dizz Tate est sans doute le roman sur l'adolescence de cette décennie, dans la lignée de *Virgin Suicides,* de Jeffrey Eugenides, paru en 1993.
**Isabelle Lortholary**

**Passion brève** d'Elsa Fottorino, Mercure de France, 136 p., 16,50 €

Une femme s'adresse à l'homme qu'elle aime. Il est pianiste. Elle est historienne. Elle a 20 ans, peut-être 30. Il en a quarante de plus qu'elle. Dès les premières pages, on comprend que cette différence d'âge planera sur leur histoire, attisant pour lui sa culpabilité, pour elle son impuissance. Comment faire comprendre à Simon l'amour inconditionnel? « Je me fiche de ton front abîmé, de tes paupières qui tombent sur tes yeux fendus de lumière, je me fiche de tes taches brunes sur tes mains, épanchements de l'âge sous l'épiderme, de ton visage qui s'efface sur les bords. » Autant de mots répétés à l'envi, incapables pourtant de le rassurer, lui qui dans sa jeunesse fit chavirer tant de cœurs. Les amants se retrouvent dans son studio qu'elle ne peut s'empêcher de considérer comme sa garçonnière. En son centre un piano, auquel il consacre cinq à six heures par jour. Avec beaucoup de grâce et une érudition jamais pesante, Elsa Fottorino, par ailleurs journaliste musicale, nous fait entrer dans les coulisses de ce monde de notes et d'arpèges. L'on y découvre l'ascèse depuis l'enfance, l'exigence portée à son paroxysme, la solitude en dépit des concerts, les doutes et la fragilité consubstantielle au métier. Simon fut un enfant à part, au centre d'attentions particulières et vénéré par sa mère. Un « enfant-artiste qu'il fallait protéger des travaux manuels, de la besogne familiale et des courants d'air ». Plus tard, un adulte interdit de ski et autres sports risquant d'endommager son capital le plus précieux : ses mains. Quand commence cette histoire, on sait qu'il est déjà trop tard et les amants eux-mêmes se pensent condamnés. Par le temps qui passe et qui finira inéluctablement par les séparer. Par la société qui ne peut s'empêcher de les montrer du doigt. « Une *michto* et son *sugar daddy.* » Il y a là matière à alimenter les ragots. Alors les amoureux vivent cachés et leur idylle n'en a que plus d'intensité. Elsa Fottorino célèbre ces vertiges avec retenue et sensualité. *Passion brève* est un roman lumineux, grave et profond, porté par une écriture cristalline. Une ode à la musique de toute beauté. **Alexandra Lemasson**

## ESSAIS ET DOCUMENTS

### **Une première histoire du trumpisme** de Maya Kandel, Gallimard, 192 p., 19 €

À l'image d'un mécanicien, Maya Kandel a soulevé le capot et démonté le moteur du trumpisme. Quel est le carburant de cette tornade blonde ? Ses racines ? Ses relais médiatiques ? Ses éminences grises ? Les ressorts de son succès ? Alors que le président américain nous donne le tournis, le livre de l'historienne a le mérite de retracer les étapes de la montée en puissance du phénomène Trump, d'analyser ses multiples impacts présents et d'ouvrir les perspectives sur ses répliques à venir. Par ses outrances, sa brutalité et sa pulvérisation des codes, le trumpisme est devenu le centre névralgique de la scène politique du début de ce XXI^e siècle, à la fois émanation et acteur d'une époque incertaine. Donald Trump s'affiche avec Poutine, déteste l'Europe et dérègle le commerce mondial.

Le *showman* a surgi à la Maison-Blanche en 2016, tirant profit de plusieurs années d'ascension du Tea Party, dont il cajole l'électorat populiste, isolationniste et parfois ouvertement raciste. Magnat de l'immobilier, star de la télé-réalité, il ne dispose d'aucun *corpus* idéologique mais s'est entiché de Steve Bannon qui, grâce à sa théorie des *missing white voters* (votes de Blancs manquants), a permis à son poulain de l'emporter. Les « nationaux-conservateurs » du clan Trump prennent l'ascendant au sein du Parti républicain, ils y auront bientôt la mainmise. Déclassés, désillusionnés, méprisés, de larges pans de la population américaine se reconnaissent dans le tribun sans surmoi. Chaos permanent, bourdes, saillies misogynes, népotisme… : c'est un spectacle ininterrompu jusqu'à l'invention du réel. Aux prétendues *fake news* des journalistes, Donald Trump oppose sa vérité alternative. Avec, en point d'orgue, l'assaut du Capitole, « étape cruciale du trumpisme » et archétype de la post-réalité. Maya Kandel passe ensuite au crible toute la dynamique du retour au pouvoir en novembre 2024 du milliardaire, qui table alors sur un « nationalisme inclusif » relayé ou inspiré par une vaste galaxie de *lobbies*, journalistes, religieux et désormais des géants de la tech. Les pages consacrées au ralliement des *tech bros* au panache blond de Trump sont, comme toutes les autres, passionnantes. **Claudine Wéry**

### **L'Ivresse des sommets. L'Allemagne et les Allemands (1918-1933)** d'Harald Jähner, traduit par Olivier Mannoni, Actes Sud, 512 p., 24,80 €

À tous ceux – nombreux – qui parlent d'Hitler en ignorant l'« avant-Hitler », on conseillera fortement *L'Ivresse des sommets* sous-titré *L'Allemagne et les Allemands (1918-1933)* d'Harald Jähner, déjà auteur, chez le même éditeur, d'un remarquable récit consacré à l'histoire allemande de 1945 à 1955 (*Le Temps des loups*).

La préhistoire des années 1933-1945, si lourdes pour le destin de l'Europe, commence avec la défaite de 1918 et se poursuit, après la chute de la monarchie et le traité de Versailles, par la naissance de la première république démocratique sur le sol allemand, à savoir la République de Weimar, à la brève existence. Harald Jähner note d'ailleurs qu'Hitler n'était pas « inéluctable », ce qui va à l'encontre de bien des idées reçues. Pour lui, « la démocratie de Weimar n'était pas d'une faiblesse telle qu'une autre issue n'aurait pas été envisageable. Tout le monde avait le choix, et notamment dans l'isoloir ».

Mais, pour une fois, grâce à Harald Jähner, l'Allemagne de Weimar n'est pas considérée, sinon interprétée, dans la seule perspective de sa fin. Et cela en posant la question essentielle : « Comment se sentait-on sous la République de Weimar ? » Car, malgré les humiliations de la défaite, le pays vaincu s'était redressé. Un redressement certes fragile, compte tenu de la folle inflation du début des années vingt et de la crise économique de 1929 qui frappa plus durement l'Allemagne que tout autre pays, mais un redressement pourtant assez rapide pour qu'il puisse être question d'une nouvelle vie dans tous les domaines. On attendait l'homme nouveau, la femme nouvelle, tandis que la nouvelle construction (*Bauhaus*) et la Nouvelle Objectivité dominaient l'art. Ainsi la République de Weimar vibra-t-elle pendant quinze ans au rythme d'une vitalité sans précédent : villes en effervescence, révolution des mœurs, émancipation féminine… On peut même parler pour beaucoup, entre 1924 et 1929, d'« années dorées » – mais pas pour tous.

Harald Jähner dresse ainsi un formidable panorama de toute cette époque en évoquant les sentiments, les humeurs et les sensations des Allemands « en tant qu'ils sont les agrégats d'attitudes politiques et de situations de conflits » ayant pu jouer un rôle décisif dans la montée de la haine. Ce qui séduit chez lui, c'est qu'il scrute ces mouvements de l'âme en étudiant les symptômes semés à la surface de la vie : concrètement, il reconstitue la société allemande en se penchant sur le goût de la danse, sur l'apparition du gigolo ou sur l'extase provoquée par la première autoroute ouverte avant 1933… et l'on pourrait citer bien d'autres exemples comme autant d'indicateurs précoces de l'effondrement, qui font la grande réussite de ce livre tout simplement passionnant. **Eryck de Rubercy**

**30, Fifth Avenue. Carnets de guerre, tome I, 1939-1942** de Jacques et Raïssa Maritain, Desclée de Brouwer, 768 p., 48 €

Voilà un événement qui mérite d'être salué : la publication intégrale des *Carnets de guerre* de Jacques Maritain. Certains extraits étaient déjà connus, mais leur version complète offre un regard exceptionnel sur les années terribles 1939-1942. Le philosophe est encore en France jusqu'au 4 janvier 1940, date à laquelle il embarque de Marseille avec Raïssa, son épouse, et Véra, sa belle-sœur, sur l'*Exochorda* vers le Nouveau Monde. Ce journal foisonnant auquel sont ajoutés des lettres, des documents et les notes de « Raïa » constitue un document majeur sur la vie intellectuelle d'un esprit de premier plan. Si, le plus souvent, ces carnets s'apparentent à des *memoranda* qui consignent les faits marquants de la journée, on suit à la trace les activités fourmillantes d'un esprit hors pair dans son quotidien : cours, correspondances, rencontres, vie spirituelle, rédaction. Il séjourne le plus souvent à New York (30, Cinquième Avenue) mais se rend également à Chicago, à Toronto, à Montréal… On est emporté par la multitude de contacts noués à cette époque. Il fallait un exégète sûr et méticuleux comme Michel Fourcade pour rappeler à chaque fois de quel interlocuteur il s'agit – le texte a été établi par Dominique et René Mougel et préfacé par Jean-François Muracciole. La création de l'École libre des hautes études, qui s'apparente à une université française en exil avec des intervenants aussi éminents que Caillois, Étiemble, Focillon, Lévi-Strauss, Gustave Cohen…, l'absorbe particulièrement. L'effondrement de juin 1940 le tourmente au plus profond. Ainsi, le vendredi 14 juin, écrit-il ces lignes de désespoir : « Paris s'est rendu. Comment peut-on vivre encore et faire les gestes ordinaires de la vie ? C'est une immense catastrophe historique dont nous ne pouvons même pas soupçonner la portée, atterrés et stupéfaits par le malheur. » Le sort des juifs en France le préoccupe tout autant en des accents déchirants. S'il note dès le 23 juin le nom du général de Gaulle, il se tient à une certaine distance du chef de la France libre : leurs relations évolueront par la suite. Ces carnets, en somme, donnent un témoignage direct sur le conflit par une conscience catholique qui compte parmi les grands éclaireurs du XX$^{e}$ siècle. **Charles Ficat**

### **Pour mon fils** de Raïssa Kessel, préface d'Étienne de Montety, Arthaud, 288 p., 23,50 €

« J'ai vu pas mal de mères dans la vie, j'ai eu moi-même huit enfants, mais je n'ai jamais encore rencontré une mère aussi folle que vous », entendit un jour Raïssa. Comment Joseph Kessel, son fils, l'eût-il qualifiée dans *Le Livre de ma mère* qu'il n'a jamais écrit ? En 1938, le journaliste et écrivain reconnu, alors en manque d'inspiration, demanda à sa « Mamoussia » de rédiger ses Mémoires. Un récit quasi légendaire dont il ne se servit finalement jamais et que personne ne retrouva après sa mort, en 1979. Ou presque. C'est dans les archives de Patrick Kessel, son proche neveu, journaliste marxiste-léniniste décédé en 2008, qu'Étienne de Montety, directeur du *Figaro littéraire* et préfacier de plusieurs textes du « Lion », en a fait la découverte. Tandis que la veuve de Patrick croyait le document déjà publié, restait un paquet de feuilles tapuscrites et annotées, précieusement conservées dans une chemise en carton. On peut lire aujourd'hui le souvenir brut d'une enfant née en 1873 de commerçants juifs d'Orenbourg, en Russie, dont le père estimait « plus que tout la vie, la science et la liberté ». Après avoir renoncé à une carrière d'actrice rêvée grâce aux héroïnes d'Hugo, de Shakespeare et des dramaturges russes, Raïssa fut la première élève en pharmacie de la ville. Confrontée aux discriminations, elle poursuivit ses études à Montpellier, où elle rencontra Samuel, un étudiant en médecine qu'elle épousa. La pionnière raconte ensuite sa vie de femme, que l'on suit lors de son accouchement près de la colonie juive de Villa Clara, en Argentine ; sa frayeur pendant leur traversée de l'Atlantique en bateau vers l'Europe, où « Jef » tomba malade ; mais aussi pendant leur retour en Russie, quand elle cacha ses enfants chez des amis en raison des pogroms de 1905. Jusqu'à l'installation définitive de la famille en France, « où l'on ne sentait ni despotisme ni antisémitisme », précise-t-elle alors. Ce texte riche en détails est aussi une histoire de l'oppression des juifs : une note sur leur condition le conclut.

Sans trop de sentiments ni de considérations littéraires, Raïssa Kessel est ici l'auteur d'un témoignage de femme juste et opiniâtre dont la parution ravit le lecteur tout autant qu'elle le démunit. En effet, des documents annexes telle la lettre que Samuel écrivit à son père pour la demander en mariage, de même que certains mots cités, manquent au livre. Pour qui s'intéresse de près à la saga familiale, elle reste néanmoins un miracle. **Dorian Grelier**

## La Mystification indienne
de Jean-Claude Perrier, Les Éditions du Cerf, 216 p., 19 €

C'est l'une des plus audacieuses impostures de l'histoire littéraire. Une mystification dont Mérimée ou Anatole France ont pu s'enorgueillir avant lui. Janvier 1885, Robert de Bonnières, grand reporter au *Gaulois*, part pour les Indes. Octave Mirbeau, qui n'est pas encore un écrivain consacré, veut alors supplanter son confrère journaliste et rival en publiant son propre récit de voyage en Orient. Avec la complicité d'Arthur Meyer, le directeur du journal, il rédige depuis Paris onze missives sous le nom de Nirvana. Des *Lettres de l'Inde* censées arriver d'Aden, Ceylan, ou Pondichéry, dans lesquelles Mirbeau décrit un monde fantasmé : il découvre des religions nouvelles, parle des langues inconnues et rencontre d'éminents personnages qu'il ne verra jamais.

Jean-Claude Perrier, qui, lui, a fait le voyage, offre une relecture érudite de ces textes bricolés de faits réels et de clichés « chargés de sens et de poésie ». Lettre par lettre, il démêle le vrai du faux d'une entreprise en réalité commandée par un certain François Deloncle. L'homme politique, revenu de sa mission officieuse en Orient pour le compte de Jules Ferry, avait en effet chargé Mirbeau de traduire littérairement ses rapports.

Aussi les passages patriotiques, colonialistes et anti-Raj britannique y sont-ils nombreux. « Souvent on a l'impression que l'écrivain (qui plus tard exprimera ses positions anarchistes) se prend à son propre jeu », écrit Perrier.

En contre-enquêteur avisé, allant par exemple jusqu'à décortiquer les annonces matrimoniales des journaux indiens pour illustrer le système de castes du pays, l'écrivain pointe avec humour les anomalies d'un récit très documenté. Et souligne les passages dans lesquels jaillissent la liberté et le style de l'auteur, qu'il compare à Chateaubriand. Voyage à bord du *Saghalien*, visite au bonze Sumangala… « Un historien amateur, lyrique », « unique » et « passionnant », rien de moins que cela. Mirbeau prophète également ? À l'heure où les questions coloniales et post-coloniales secouent les sociétés dans leur ensemble, ses *Lettres* sont les archives de notre présent géopolitique. *La Mystification indienne*, un appareil critique indispensable à l'interprétation des récits fabriqués. **Dorian Grelier**

**Les Lieux de Napoléon** de Charles-Éloi Vial, Perrin, 552 p., 26 €

Il y a une vingtaine d'années paraissait un *Guide Napoléon* répertoriant quelque 4 000 lieux dans environ 50 pays où était passé l'Empereur. Le propos de Charles-Éloi Vial, auteur de nombreux ouvrages de référence sur Napoléon et son époque, est différent. En seize chapitres, il parcourt la vie de Napoléon, en évoquant les principaux endroits où il a vécu, une soixantaine au total, d'Ajaccio à Sainte-Hélène, en passant par le palais Serbelloni à Milan, le palais d'Elfi Bey du Caire, la Malmaison, les Tuileries, Saint-Cloud, Fontainebleau, Rambouillet, le Trianon, l'Élysée, Compiègne, mais aussi Potsdam, Schönbrunn ou le Kremlin, jusqu'à la résidence des Mulini de l'île d'Elbe et Longwood House. Ni biographie ni livre d'histoire de l'art, son travail est une réflexion sur ce que ces lieux révèlent de Napoléon, une façon de saisir l'homme, en restituant son environnement, mais aussi sur la fascination qu'exercent ces sites sur nous, sur la curiosité qui est la nôtre de vouloir entrer dans l'intimité des grands personnages du passé.

Partout derrière son passage, Napoléon a laissé une double marque, celle de l'homme privé et celle du personnage historique. D'où sa recommandation à son architecte Pierre-François-Léonard Fontaine : « Je veux être logé dignement, mais je ne le serai pas comme la plupart des souverains, prisonnier et mal à l'aise sous les plafonds dorés de mon habitation ; il faut pour moi dans le même lieu, sous la même façade, deux choses distinctes : d'abord le logement d'un chef de famille riche, avec toutes les convenances d'un homme privé qui veut des aises et de la liberté ; ensuite l'appartement de réception et d'apparat du représentant d'une grande nation, à laquelle on doit des honneurs et des respects. »

Imagine-t-on s'exprimer Louis XIV de la sorte ? Entre lui et Napoléon, les sensibilités ont radicalement changé, comme l'a montré Richard Sennett dans son ouvrage devenu classique, *The Fall of Public Man*, traduit sous le titre – glissement symptomatique dans le pays de Rousseau – *Les Tyrannies de l'intimité*. À chacune des étapes de son parcours, de son ascension fulgurante jusqu'à sa chute, Bonaparte, puis Napoléon a donc pris soin de distinguer sa vie privée de sa mise en scène comme acteur de l'histoire universelle. Faisaient partie de celle-ci l'arrangement des demeures où il a séjourné ou est simplement passé, la construction des campements qui furent les siens partout en Europe, la composition de sa cour, l'organisation de ses journées, tout ce dont étaient en charge plusieurs centaines, puis plusieurs milliers de personnes composant la Maison de l'Empereur (dirigée par Daru, le cousin de Stendhal). Tous ces lieux, tous ces personnages qui les ont animés, Charles-Éloi Vial les fait revivre comme s'il avait toujours vécu au milieu d'eux, tant les moindres détails lui sont familiers. **Robert Kopp**

## **Génica Athanasiou. L'anti-muse d'Antonin Artaud** de Laurence Meiffret, Non Lieu, 240 p., 24 €

Si un mouvement poétique d'avant-garde a exalté la femme – cette femme non pas foudroyée, mais foudroyante –, ce fut le surréalisme, qui a croisé l'érotique courtoise et le romantisme noir. Toutefois, il y eut loin de la théorie à la pratique : il est peu de femmes que le surréalisme a su mettre au premier plan, en les considérant pour elles-mêmes, dans leur richesse propre comme dans leurs différences, et non pour être seulement des muses d'artistes, les objets ou les supports de rêveries ou de partages plus ou moins forcés. Qu'on se souvienne du couple de dupes qu'ont formé Aragon et Triolet, unis par la politique, comme l'a prouvé la seconde vie du poète, qui, une fois son épouse morte, en 1970, a renoué avec la vie homosexuelle de sa jeunesse. Il suffit par ailleurs pour s'en convaincre de relire *Nadja,* d'André Breton, qui n'a eu de cesse dans ces pages d'un haut voltage d'exalter une jeune femme, Léona Delcourt. N'écrit-il pas : « J'ai vu ses yeux de fougère s'ouvrir le matin sur un monde où les battements d'ailes de l'espoir immense se distinguent à peine des autres bruits qui sont ceux de la terreur et, sur ce monde, je n'avais vu encore que des yeux se fermer » ? Il n'empêche. Comme avant elle Simone Kahn, André Breton délaissa Léona Delcourt sur le seuil de la folie qui lui fut fatale. Et pourtant, que d'êtres supérieurs parmi ces femmes ! On connaît les noms de Valentine Hugo, Colette Thomas, Joyce Mansour, Nelly Kaplan, Dorothea Tanning. Mais qui a souci de Diane Deriaz, la dernière égérie de Paul Éluard, ou de Sonia Mossé, morte dans le camp d'extermination de Sobibór ? Ces femmes furent des actrices de leur propre vie. Parmi elles se dégage une figure que Laurence Meiffret a su tirer de l'oubli avec un livre-somme, d'une rare probité, à la fois livre d'histoire et manifeste du génie féminin : Génica

Athanasiou (1897-1966). C'est à elle que Jean Cocteau a dédié son *Antigone,* dont elle fut, de l'avis général, la réincarnation sur la scène du Théâtre de l'Atelier. À l'occasion de ces représentations, en 1921, le comédien qui jouait le rôle de Tirésias, à savoir Antonin Artaud, devait s'éprendre d'elle et lui écrire parmi les plus belles lettres d'amour du XXe siècle. Un exemple parmi tant d'autres dérobés à l'oubli : « Tes cartes me révèlent des sentiments non seulement d'une intensité, mais surtout d'une qualité si rare qu'ils me font enfin posséder l'idéal de l'amour parfait, céleste que j'avais rêvé. » Génica Athanasiou – roumaine, et non grecque comme l'a écrit Cocteau – sera une inspiration pour Man Ray, Charles Dullin ou Jean Grémillon, preuve d'une exceptionnelle présence. Laurence Meiffret reconstitue l'existence d'une femme magnétique qui a fait résonner les mots de Sophocle pour des générations : « Je suis née pour partager l'amour, non pour la haine. »
**Stéphane Barsacq**

**Un monde de papier. Itinéraires d'un bibliophile à travers le temps et les pages** de Nicolas Malais, Cabinet Chaptal, 272 p., 30 €

Contrairement à d'autres aspects de la bibliophilie – emblèmes, eaux-fortes, typographie, reliure –, la question du papier semble moins traitée selon Nicolas Malais, libraire de livres anciens à Paris. D'où cette célébration du papier dans tous ses états qui cherche à combler une lacune et à mieux faire connaître cet aspect essentiel du livre auquel on prête insuffisamment attention. Il fallait l'expérience, la curiosité et la passion d'un authentique bibliophile qui se revendique comme tel pour transmettre pareil enthousiasme sur le papier qui se trouve au cœur du livre. Nicolas Malais affirme que le papier mobilise tous nos sens tellement l'approche de l'objet requiert l'attention de nos facultés réunies. D'ailleurs ce n'est pas un hasard si tant d'écrivains ont accordé un soin particulier aux papiers de leurs tirages spéciaux. Les exemples abondent. Aussi bien Balzac que Baudelaire ou Flaubert abordaient ces questions avec la plus grande attention. Ici, Chine, Japon, Hollande, pur fil n'auront plus aucun secret pour vous. Sans même parler des papiers de couleur auxquels de larges développements sont consacrés. Les ennemis ne sont pas non plus oubliés : humidité, incendie, lumière excessive, boissons (café, vin…), encre, insectes, etc. Au moindre détail, il faut veiller. Combien de livres des XVIIe et XVIIIe siècles nous sont parvenus dans un état remarquable ? Alors que d'autres, imprimés bien plus tard, ont subi les assauts du temps et se sont abîmés. « Les livres, c'est le papier », affirme le libraire-écrivain qui aime à citer Pierre Louÿs : les bibliophiles possèdent la « véritable machine à exploiter le temps ». Cet essai revigorant, précis et original revient utilement sur ce que nous devons au papier en un temps où celui-ci est battu en brèche par d'autres technologies. Sans doute n'avons-nous plus conscience de ses mérites. Rien ne dit qu'il ne reviendra pas en force un jour. Le « monde de papier » présente trop d'avantages pour que nous le délaissions. Ce traité nous le rappelle avec conviction. **Charles Ficat**

## **Un livre** de Fabrice Gaignault, Arléa, 96 p., 13 €

*Un livre* de Fabrice Gaignault est un mince éclat. Un souffle, une blessure devenue lumière. Moins de cent pages pour creuser le sillage infini d'un simple objet – ce livre – dans la nuit de l'histoire, dans le silence des corps, dans l'attente des jours. Fabrice Gaignault part d'un événement précis : alors que Primo Levi, malade, est dans l'infirmerie d'Auschwitz III-Monowitz, on lui jette un livre – *Remorques*, de Roger Vercel. Ses pages, ses phrases deviennent pour lui une île, un rivage intérieur, un endroit où il peut reprendre son souffle. Le texte raconte ce moment de tranquille épouvante où la proximité de la mort est tangible. Mais grâce au livre, aux mots, au verbe, le basculement est retenu. Le verbe « sauver » revient comme une prière contenue dans chaque phrase. Fabrice Gaignault parle ainsi de ce qu'est le salut : l'humanité qui se souvient, qui nomme, qui respire, même quand la matière de l'existence semble vouloir nous achever. Ce qui frappe, c'est la conscience aiguë du pouvoir des mots : non pas le grand roman, la grande geste héroïque, mais ce petit livre, ce livre : « n'importe lequel si vous avez l'impression qu'il a été écrit pour vous ». Ce fragment devient alors le cœur battant, le chant primordial que chaque lecteur porte en lui : ses propres nuits, ses propres baraquements, ses propres peurs, ses propres rêves de survivance. Le style est sobre, presque ascétique, comme si chaque respiration, chaque mot comptait. On lit cet essai dans un souffle continu, entre le souvenir, le témoignage, la philosophie et la littérature. Les descriptions s'esquissent. Et la pensée de Primo Levi se déploie entre les lignes, dans ces silences où un mot, un simple mot, peut tout changer.

Mais c'est aussi un miroir : ce qu'il dit de Levi, de Delbo, de Lusseyran, ce qu'il dit de l'horreur, il le dit aussi de nous – lecteurs contemporains, enfants des écrans, de la rapidité et du bruit. Ce « devoir envers la jeunesse et la lecture » dont parle Fabrice Gaignault apparaît comme un devoir de soin, de prévenance et d'amour lumineux.

Les grincheux chercheront une réserve – c'est bien là leur spécialité. Ils pourraient soutenir que ce livre tient à sa fragilité : l'émotion y est trop frontale, le lumineux presque immédiat.

Mais on leur répondra que c'est le but : que ce petit ouvrage ne soit pas seulement lu, mais habité, qu'il laisse une trace. Fabrice Gaignault est trop intelligent pour promettre de changer le monde – il le sait hors de portée – mais il nous rappelle brillamment qu'*un livre peut changer la vie*. Que pourrions-nous vouloir de plus ? **Vincent Hein**

**Folcoche** d'Émilie Lanez, Grasset, 192 p., 19 €.

Dans un salon de l'Élysée, une cérémonie réunit le 23 mai 1991 un parterre choisi. François Mitterrand remet la cravate de commandeur de la Légion d'honneur à Hervé Bazin. L'heureux récipiendaire sera ensuite élevé à la dignité de grand officier. En son for intérieur, il savoure le chemin parcouru. Auréolé du succès de *Vipère au poing* paru chez Grasset en 1948, il avait été courtisé par Gaston Gallimard après la sortie de son deuxième roman, *La Tête contre les murs*. Élu à peine dix ans plus tard à l'Académie Goncourt, le plus jeune juré de la compagnie la préside de 1973 à 1996. L'ascension est d'autant plus remarquable que le potentat des lettres avait recouvert d'une chape de plomb ses petits secrets. Voici qu'ils font surface. C'est un tsunami. La journaliste Émilie Lanez dévoile, dans un ouvrage concis, qui n'a rien d'un brûlot de piques et de flèches, un passé de délinquant chevronné. Le « déballage biographique » porte sur « un trou noir de dix-sept années ».

L'enquête d'Émilie Lanez fondée sur des archives judiciaires, policières et médicales met au jour une série de méfaits et de condamnations qui nous laissent estomaqués et admiratifs du talent d'un champion de la manipulation. Le rejeton d'une très bonne famille angevine fugue très tôt. Puis le fils de magistrat, petit-fils de sénateur et petit-neveu du romancier René Bazin, de l'Académie française, fait la bringue, vole dans les chambres de bonne, vide les tiroirs de la maison familiale, trafique, revend et fabrique des faux papiers, monte une arnaque aux faux mandats postaux, collectionne les maîtresses et séjourne plusieurs fois en prison et en hôpital psychiatrique. Sans qu'aucun de ses interlocuteurs du monde littéraire ait jamais cherché à en savoir plus, Bazin (très rarement interrogé sur son passé) avait reconnu des « erreurs de jeunesse » ou « comme Villon, Verlaine, Rimbaud, quelques sottises ». Tout juste savait-on qu'il cultivait un style canaille. Messages passés comme une lettre à la poste. La révélation de ses exploits se double d'une réhabilitation de sa mère, l'horrible Folcoche affameuse d'enfants et maltraitante, peinte faussement d'après nature. Le plus stupéfiant dans le déboulonnage de la statue bazinienne concerne l'attitude de sa famille qui imposa une omerta. Les inventions romanesques sur la soi-disant marâtre, dépassée par son fils, la rendirent folle. Émilie Lanez retrace aussi les souffrances de cette femme brisée, victime d'un « meurtre littéraire ». Petite bombe de papier, son livre expose la vérité cachée sur Hervé Bazin, un admirable comédien. **Olivier Cariguel**

REVUE
DES DEUX
MONDES

97, rue de Lille, 75007 Paris
Tél. 01 47 53 61 50
N° ISSN : 0750-9278
www.revuedesdeuxmondes.com

**Rédaction**
Directrice **Aurélie Julia**
ajulia@revuedesdeuxmondes.fr
Secrétaire de rédaction **Caroline Meffre**
cmeffre@revuedesdeuxmondes.fr
Révision **Anne Fauvel**



**Communication, partenariats, publicité**
Responsable du développement et des partenariats
**Marie Pagezy**
mpagezy@revuedesdeuxmondes.fr

**Relations presse et éditeurs**
**Claudine Wéry**
Tél. 01 47 53 61 55
cwery@revuedesdeuxmondes.fr

**Société éditrice**
La Revue des Deux Mondes est éditée par la Société de la Revue des Deux Mondes SNC au capital de 2 545 074 euros.

**Principal actionnaire**
Groupe Fimalac

Directeur de la publication
**Thierry Moulonguet**

Conseiller de la présidence
**Franz-Olivier Giesbert**

**Abonnements**
**(9 numéros par an format papier + numérique)**
France 1 an › 89 euros – 2 ans › 165 euros
Abonnement étudiant 1 an › 65 euros
Étranger 1 an › 129 euros

**Service des abonnements**
En ligne : https://boutique.revuedesdeuxmondes.fr

Par courrier :
Revue des Deux Mondes
20, rue Rouget-de-Lisle
92130 Issy-les-Moulineaux
Tél. 01 44 70 14 71
abonnement@revuedesdeuxmondes.fr

**Vente au numéro**
Disponible chez les principaux libraires (diffusion Humensis, renseignements **Andrés Morales** 01 54 42 84 82, andres.morales@humensis.com, distribution Union Distribution) et marchands de journaux. Renseignements vente au numéro **Gilles Marti** 01 40 54 12 19, gilles.marti@valmonde.fr.
Ce numéro comprend un bulletin d'abonnement broché entre les pages 128 et 129.

**Crédits** Couverture, Charles de Gaulle, photo prise à Ottawa en juillet 1944 par Yousuf Karsh ; illustration p. 7, © Urbs.

Imprimé en France par CORLET Imprimeur avec des encres à base végétale SUN CHEMICAL sur du papier issu de forêts gérées durablement et façonné avec des colles HENKEL à base de matériaux renouvelables.

Commission paritaire : n° 0329D81194